JN156311

慶應義塾大学教養研究センター
極東証券寄附講座

飼う

生命の教養学―13

赤江雄一［編］

慶應義塾大学出版会

はじめに

「飼う」という言葉を聞くと、まず「ペット」を思いうかべる人が多いだろう。あるいは、ペットでなくても、なんらかの「動物」がイメージされるだろう。

歴史を通じて、人間は、野生の動物を飼い慣らして家畜化し、食糧として、毛皮として、実験動物として、牧羊犬のように他の動物を飼うための相棒として、さらに自らに寄り添ってくれる存在として、そして他にもさまざまなかたちで活用することで自らの「生命」を支えてきた。

そんなことはあたりまえで、とりたてて注目することではないと思うかもしれない。しかし、たとえば、自らの家族の一員として「ペットを飼う」場合と、食肉として供するために「豚を飼う」場合を考えてみよう。あるいは、同じ食用にするのでも「豚を飼う」のと「養殖魚を飼う」のでは、かなり違う世界が広がっているのではないか。

飼われるのは動物に限られない。人も飼われうる。「会社」と「家畜」の合わさった造語である「社畜」という言葉を思いうかべるとよい。あるいはもっと直接的に奴隷を考えてみればよい。また、動物が動物を、時には自らの体内に「飼う」こともある。

それぞれの場合において「飼う」こととはどういうことなのか。同じ「飼う」にしても、だれが何を「飼う」のかで、まったく異なる世界が見えてくる。さまざまな「飼う」世界、「飼う」を通じて見えてくる世界の探索が本書の主題である。

本書の内容をさらに紹介する前に、本書の生い立ちについて述べておこう。本書は慶應義塾大学教養研究センターで開講されている極東証券寄附講座「生命の教養学」の2016年度の講義録である。この講座は2006年以来「生命とは何か、〈生きる〉とはどういうことなのか」という問いから始まる知的探究への誘いとして構想されてきた。この大きな問いの探求にあたって年度ごとに異なるテーマを設定してきたが、2016年度の切り口を「飼う」に定めたのである[1]。

この講座の特徴は、慶應義塾大学日吉キャンパスに位置する文学部、法学部、経済学部、商学部、理工学部、薬学部、医学部のすべての学生に開かれている点である。それがこの講座における「教養」の定義とつながっている。その定義とは「思考の材料を特定の学問領域に偏ることなく広く求め、さらに各領域の研究成果に充分な敬意を払い、そこから獲得された雑多な材料をもとに新たな知を組織化しようとする態度」というものである。さまざまな学問的関心をもつ受講生が、いわゆる文系・理系といった偽の対立に惑わされず、幅広い領域から「教養」を涵養する場を提供するべく本講座は企画されている。

「生命」の「教養」を涵養するために、2016年度は「飼う」にかかわる広範な領域から講師をお招きした。畜産学、心理学、歴史学、実験動物学、倫理学、微生物学といった学問分野の第一線で活躍しておられる研究者に講師をお引き受け頂いた。さらに企業で養殖技術とそのビジネス化に携わる方、そしてNGOで活動されている方々にご登壇いただいた。本講座史上過去最高の80余名の学生が2016年の４月から７月にかけて行われた授業に出席し、毎回の講義後は濃密な質疑が途切れずに続いた。質問の質の高さに講師がおどろくこともしばしばだった。質問にはそれ以前の講義を踏まえたものもあり、別々の講師による講義が網の目状に接続して前述の意味における「教養」がたちあがる瞬間をたびたび目にすることができたのである。

本書で扱われる内容をもう少し詳しく紹介しよう。

本書の前半では、それぞれ、ペットとペット以外の動物を飼うことにつ

1　本講座ではこれまで「生命を見る・観る・診る」、「誕生と死」、「生き延び」、「ゆとり」、「異形」、「共生」、「成長」、「新生」、「性」、「食べる」という多様なテーマを扱ってきた。各テーマについて講義録が慶應義塾大学出版会から出版されている。

いて論じた講義を集めている。「役に立たない動物」であるペットをわざわざ飼うようになった18世紀から20世紀のヨーロッパにおける人と動物の関係の変化とはどういうものか。ペットとの愛着関係はいまどのように活用されているのか。殺処分される猫の状況はどうなっているのか。動物実験を行うためにラットを飼う、食用のために豚を飼う、あるいはチョウザメを新たに養殖するときにどういうことが配慮されているのか。どのような技術的な進歩がうみだされてきたのか。新しいビジネスはどのようにたちあがるのか。ペットにせよ畜産にせよ、動物を飼うことに関してどういう倫理学的な検討が行われてきたのか。

本書の後半では「人間が人間を飼う」現象、また、飼う飼われる側双方の共犯関係を扱う。前者については、古代ローマの奴隷の状況と、現代日本における人身売買の現状が取り上げられる。「飼う」側の人は、「飼われる」側の人とのあいだにどのような切断線をひいてきたのか。現在の日本に生きる私たちにとって無縁の問題だと言えるだろうか。

後者の「共犯関係」については、まずナチス支配下のドイツ人が検討される。最新の歴史学は、人が自由と解放を感じながら自ら進んで服従する場合を示す。それとは別の共犯関係が、私たちが体内に「飼っている」腸内細菌と私たちとの関係に見いだされる。腸内細菌の最新研究は、むしろ腸内細菌が人間を飼っているのかもしれないというのである。そこから、どのようなヴィジョンが見えてくるだろうか。

こうしてさまざまな「飼う」場面を広い視野のなかで見ていくことによって、私たちはほとんどめまいがするような「生命」の有様にふれることになるだろう。ペットを可愛がり犬猫の殺処分を許せないと感じながら、同時に豚を食する。動物のと殺に感じる禁忌は、魚に対してはおぼえない。食用の、あるいは動物実験用の動物を倫理的に扱うこととはどういうことか。

「飼う」世界は一筋縄ではいかない。「飼う」ことについて考えることは、それが必然的に伴う権力と支配の側面に向かいあうことでもある。それは、また愛をだれにどのように向けるかについて考えることでもある。私たちは、本書において、愛と支配の万華鏡的世界を目の当たりにすることになるだろう。

お忙しいなか、しばしば遠くから講義にかけつけ、さらに講義録の作成にご協力いただいた講師の先生方に深く感謝を申し上げる。本講座と本書の刊行を可能にする寄附をされた極東証券株式会社に厚く御礼を申し上げる。2016年度の本講座の企画委員の方々と慶應義塾大学教養研究センターのスタッフに謝意を表する。そして本書の編集にあたられた慶應義塾大学出版会の佐藤聖氏に深謝する。

2018年６月

赤江　雄一

極東証券寄附講座「生命の教養学」2016年度企画委員

赤江　雄一（文学部准教授：委員長）
山下　一夫（理工学部准教授）
高桑　和巳（理工学部准教授）
鈴木　晃仁（経済学部教授）
小野　裕剛（法学部専任講師）
小瀬村誠治（法学部教授）
板垣　悦子（体育研究所准教授）
吉川　智江（教養研究センター事務長）
佐藤　　聖（慶應義塾大学出版会）

目　次

I
ペットと人

ペットしか見えない都市空間ができるまで
近代ヨーロッパにおける動物たちの行き（生き）場

光田達矢

（みつだ　たつや）慶應義塾大学経済学部専任講師。1976年生まれ。ケンブリッジ大学歴史学部博士課程（Ph.D.）。専門は、ドイツと日本における食と動物の近代史。主要論文に“Entangled Histories: German Veterinary Medicine, c. 1770–1900”, *Medical History* 61（2017）などがある。

1．はじめに

現代社会では、「動物に対して優しく接する」ことは当たり前のようになっています。生き物をぞんざいに扱うことは、決して許されません。街を歩いていて、子どもたちが猫をめがけて石を投げるような遊びに興じていたら、いたたまれない感情に襲われることでしょう。場合によっては、子どもを注意するか、虐待の疑いがあるとして交番に駆け込むような行動に出るかもしれません。いずれにしても、子どもたちの将来を案じ、大人になってからも命を大切にできない人間になってしまうのではないかと心配します。このように感じるのは、「動物保護精神」が発達している国に住んでいることの現れだと言えます（日本では「動物に優しくする」ことを「動物愛護精神」と呼び、西洋では「動物保護精神」と呼びます。ここでは主にヨーロッパを扱いますので、本章では「動物保護精神」に統一します）。

その一方、日本のように極端に都市化が進んでいる先進国では、動物の存在をあまり意識せず生活できるような環境が整っています。かつて自由に街を徘徊しごみ箱をあさっていた野犬や野猫の姿は影を潜め、乗客の運送や荷物の運搬に不可欠だった馬も、すっかりいなくなっています。衛生環境が発達してきたため、家屋にネズミやゴキブリが常駐するようなことも少なくなりました。そのため、多様な動物を身近に感じる機会は皆無に等しく、わざわざ動物園に足を運ぶか、森や山に出かけない限り、動物とは簡単に遭うことができません。実際、動物保護精神を実演できるのは、現代都市住民にとって、ほとんどの場合、ペットの扱いにおいてです。

このような、ヒトと動物の逆説的な関係性はどのようにして生まれたのでしょう。なぜ都市部では動物保護精神が発達したにもかかわらず、ペット偏愛がおき、多くの動物は都市空間から排除あるいは不可視化されていったのでしょうか。今回は、19世紀ヨーロッパ、とくにフランスやイギリス、ドイツの例を中心に取り上げ、この疑問に応えたいと思います。動物に優しくするという観念が広く共有されていった過程と、その一方で、多くの動物の存在が見えなくなっていったプロセスを同時に追います。それにより、同じく「飼われている」はずの動物に対してなぜ相反する感情が芽生えたのかを見てみます。また、近代ヨーロッパにおけるヒトと動物の関係史を紐解くことにより、動物に優しくすることが階級的な側面が色濃いことと、過剰な動物保護精神がどういう問題を引き起こし得るのか、示したいと思います。

2．18世紀ヨーロッパとペット蔑視――動物保護精神の萌芽

●猫の大虐殺事件

そもそも動物に対して優しくする感覚や、家でネコやイヌをペットとして飼う習慣は18世紀ヨーロッパではなじみの薄いものでした。動物を優しく扱おうとしたら、笑われていました。

1730年代のパリに、ネコの大虐殺が起きましたが、当時、動物保護どころかペットを飼うことが一般的に理解されていないことを示す事件と

して取り上げます。現場となったのは、ソルボンヌ大学がある5地区のサン・セバラン通りの印刷工場です。印刷工場では、親方家族と従業員が寝食を共にし、親方の奥さんにペットのネコがいました。ところが、従業員たちがパリ中のネコを殺してしまうという大事件がおきます。

共同生活を送っていると言いましたが、住環境と労働環境はともに最悪でした。親方は従業員に暴力を日常的にふるい、食事はたいしたものを与えず、非常に貧しい生活を弟子に強いていました。そこで従業員は、親方の妻のペットであるネコ以下の扱いを受けていることに腹を立てます。「俺たちはキャットフード以下のものを食べさせられている。我々は人間だ。ネコと同じではない」。待遇のあまりの差に怒りを爆発させる寸前となっていたのです。

18世紀ヨーロッパは、現代社会とは異なる構造をなしていました。不平等、不条理な労働環境を解決する手段が限られていました。いまのように労働組合に訴えたり、あるいはTwitterで不満をつぶやいたりするやり方はなく、労働者の立場を不利にすることなく権利を主張する抗議方法は確立されていませんでした。さらに、ギルド制という長い間親方の下で学ぶ師弟関係が慣習となっていました。よりよい労働環境を求め転職するのは難しく、雇用主に不満を言いにくい環境でした。

現代的な感覚からすると子どもっぽく稚拙に感じられるかもしれませんが、残された手段は嫌がらせしかありませんでした。そこで、ネコが標的となるのです。従業員たちは、親方の妻のネコを不満の矛先にすることで、身元がばれることなく、親方に報復できるのではないかと画策したのです。そうすることで、労働環境は変わることはなかったかもしれませんが、少なくともストレスを発散することを期待しました。

まず、印刷工場で働いていた従業員たちが、毎晩親方と妻が寝ている寝室の前でネコの鳴き声を真似し、親方と妻が眠りにつけないようにしました。やがて堪忍袋の緒を切らした親方は、近所の野良猫を退治するよう師弟に指示を出すと、従業員たちは命令に従い、パリ中からネコをかき集めることにしました。場合によってはその場でネコを殺害しました。中世にまでその習慣がさかのぼる動物裁判を開き、ネコの法的責任を問おうともしました。（動物裁判については、池上俊一『動物裁判』講談社現代新書、1990年を参照してください）。このような裁判のあと、有罪判決を受けたネコたちは、処刑されてしまいました。

以上が、1730年代に起きたパリにおけるネコの大虐殺の一部始終です。近世フランス史を専門とするアメリカ人歴史家ロバート・ダーントン（Robert Darnton: 1939-）が、その著書『猫の大虐殺』（岩波現代文庫、2007年）の中で紹介したことで世界的に有名となった事件です。特筆すべき点は、ペットを飼う習慣は18世紀にありながら、被害に遭った親方のように、都市部の中間層に限られていた習慣であったことと、野良猫が多く含まれていたはいえ、動物虐待を弾圧するような声があまり聞こえなかったことです。動物裁判を開き、死刑に処することがまだ許されていたほどで、当然、動物の権利を主張する人たちもほとんどいませんでした。

ところが、その後、動物虐待を批判する言説が強まり、19世紀半ばにもなると、動物に暴力を振るう人間は許されないという社会通念が確立するようになります。その背景にペット飼いを下地とした動物保護精神の普及があったことは言うまでもありません。

●ホガースによる動物虐待批判

フランスからイギリスに場所を移しましょう。パリで猫の大虐殺が起きてからたった20年後、隣国のイギリスにおいて、風刺画の名手であるウィリアム・ホガース（William Hogarth: 1697-1764）が、『残酷の４段階』（図１）と題する版画集を世に送り出しました。

『残酷の第１段階』では最下層民が犬や猫に虐待を繰り返すシーンが否定的に描かれています。主人公と思われるトム・ネロが犬の肛門に矢

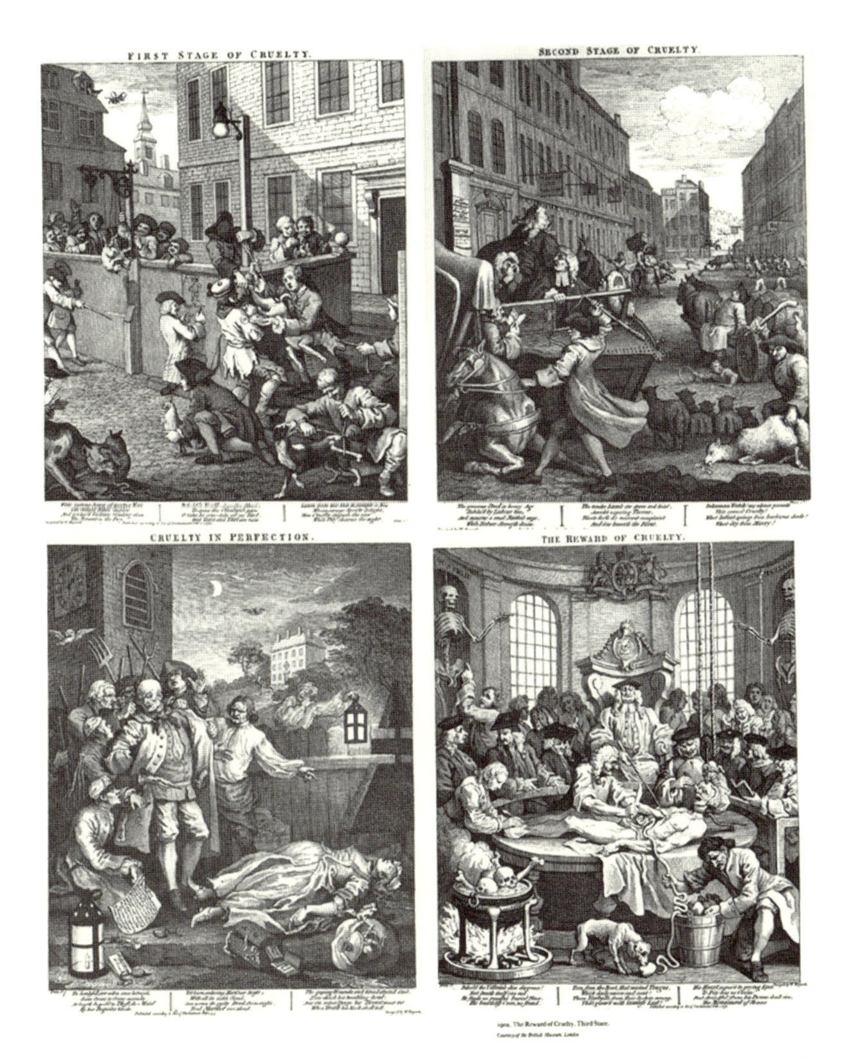

図１　最下層による動物虐待への批判が台頭（ホガース作「残酷の４段階」1751年）
（Allan Cunningham, "William Hogarth", *The Lives of the Most Eminent British Painters and Sculptors*. London: J & J Harper, 1831, 57.）

を刺すような悪事を働いていることが確認できます。次の『第２段階』では、馬車の運転手となったネロが、白昼堂々と馬車馬を殴ったり蹴ったりする光景が表され、『第３段階』では、ネロが泥棒や殺人など凶悪犯罪に手を染めている状況が描かれています。そして最後の段階では、絞首刑となったネロの遺体が、外科医の手にわたり、解剖実験用に使われている結末が描かれています。しまいに、犬がネロの内臓を食べる光景が描かれ、動物による「復讐劇」として話は完結しています。

ホガースは、動物好きとして知られています。自画像にペットのパグ犬を登場させるほど、ペットを溺愛したとされる人物です。明らかに、動物虐待を非難するつもりで絵を描いています。版画集を通して伝えたかったのは、青年期から動物虐待を繰り返す人間は成人してからも人命を軽んじる大人になる、という強烈なメッセージでした。『残酷の４段階』が作品として特筆に値するのは、動物虐待を放任しておくと犯罪が増え、やがて社会秩序を転覆させてしまうという恐怖に油を注いだ点にあります。動物虐待と凶悪犯罪を結びつけたのです。

それまで、猫の大虐殺事件が示唆するように、動物たちをバットで打ったり、殺したりするという光景は決して珍しくなく、放任されていました。鶏を追い回し、石を投げつけて殺す行為などに、わざわざ目くじらを立てることはありませんでした。ところが、動物虐待が社会悪の根源と目されると、猫、犬、馬に対する「暴力」は放置できなくなります。現に、後に触れる動物保護団体の活動は、ホガースが指摘した「虐待の連鎖」を未然に防ぐことに向けられるようになります。

ここで指摘しておかなくてはならないのは、「動物虐待」といえども、なにが虐待に該当するのか偏りがあったという点です。というのは、農村部を含め「虐待」はどこでも起こりうる現象であったにもかかわらず、産業動物がより多く飼われていた地域ではなく、動物が比較的少ない都市部においてとくに問題視されていたからです。ホガースも、都市における最下層民による動物への暴力行為を案じました。馬車馬への虐待行為も非難したことから見て取れるように、一部の動物たちが気がかりだったようです。一方で、農家における牛、馬、豚、鶏などの境遇に、あまり目を向けようとはしませんでした。同じく、貴族階層が嗜む狩猟や競馬などにおける暴力行為は、虐待としてやり玉にあがることはあまりありませんでした。つまり、都市における中間層の目に留まりやすい低階層の行為こそ、動物虐待として認定を受けやすかったことになります。

なにが注目を浴び、なにが注目されにくかったのかを注意深くみると、動物虐待と階級性が深く結びついていることに気づかされます。

●ペット人気とペット化

このように動物虐待を許せない社会階層と、ペットを飼う層は基本的に同じでした。産業革命以降、都市化が進むにつれ、市民階層の人口が増えると、中産階級を中心にペット文化が花開きます。それは、数字にも表れます。たとえば、1870年頃のパリでは、12人中１人がイヌを飼っていました。また、ペットとして飼われる犬種も多様化します。1788年に14種類しかいなかったところ、交配を繰り返すことによって100年後には200種類にまで膨れ上がりました。自分の好みに合ったイヌを「つくって」いくことが当たり前の世のなかになっていったのです。

かくして動物たちを自分好みに変えていくプロセスを「ペット化」と呼ぶことができます。動物たちをペットらしくすることは、交配に留まらず、しつけも伴います。吠えない、かまない、あたりかまわずおしっこをしないなど、いかにして動物から「動物性」を奪うかが重要となります。

これらに加えて、より役に立たないものへと変化させなくてはなりません。アニメの『アルプスの少女ハイジ』に登場するセントバーナード犬がいますが、スイスでは伝統的に救助犬として起用されてきました。ところが、ペット文化が発達すると、都市部に住む市民層を中心に、セントバーナード犬を家で飼いたい欲求が高まります。それまで救助犬として優れた嗅覚が人命救助に役立っていたところ、ペットともなれば、このような特徴は意味を持たなくなるばかりか、邪魔となります。労働現場から遠ざけられ、家族に癒しを与える生き物として機能するためには、よりかわいく見える小型犬として生まれ変わる必要があったのです。

同じような運命を、スコティッシュテリアも辿ります。かつては狩猟犬として、スコットランドのハイランドあたりで使われていました。牙をむき出しにして獲物を追うよう飼育されていたわけですが、ペットとしてかわいらしさを求めていく過程で暴力性はそぎ落とされ、子どもが手を出しても噛まないように再訓練されていきました。こうして都市に住む中間層のニーズに合ったイヌが出来上がっていきました。

ペットというのは、野生や自然とはかけ離れた存在であると認識しなくてはなりません。人間の好みに合わせていろいろな変化を強いられてきた動物なのです。そして、ペット化が進むと、やがて野生で生きていけない、人間に依存する以外生き延びることができない存在となっていきます。

じつは、ペットと子どもに対する愛情発生のメカニズムは似ています。子どもが小さいころから労働していたら、親は子どもをそれほどかわいいとは思わないはずです。経済的に依存している、働きに出ないからこそ、面倒を見なくてはいけないから、愛情が生まれやすいのです。似たように、ペットも飼い主にある程度依存します。我が子のように、衣類を買い与えたり、グルーミングに行かせたり、獣医による治療を受けさせたりと、出費を惜しみません。その程度は、イヌを飼う場合とネコを飼う場合とでは異なりますが、愛情を注ぐ対象として、なるべく労働とはかけ離れた存在であり続けてほしいと思うものです。お金を稼ぐようになり、労働に従事するようになると、ペットとしての価値は低下し、かわいらしさが薄れていきます。

ただ、子どもの場合、やがて自立して家を出ていきますが、ペットの場合、命が続く限り基本的に家に留まります。野生に返したところで、生き延びることはできませんし、街を徘徊することになれば、野良犬や猫として殺処分の対象になってしまいます。

3．19世紀ヨーロッパと動物虐待防止運動
——動物保護思想の台頭と動物の排除

●「動物は優しく扱わなくてはならない」

19世紀に突入すると、ペット文化の隆盛に後押しされ、動物保護団体が設立されるようになります。ペットに対して優しくするように、動物に対しても優しくできる社会を育てることが目的でした。1824年に動物虐待防止協会（Society for the Prevention of Cruelty towards Animals: SPCA）が英国で創立されると、1830年にスイスとドイツ、1845年にフランス、1866年にアメリカ、1875年にスウェーデンで動物保護団体が産声をあげました。日本では、1902年に「動物虐待防止会」が設立されています。

ヨーロッパにおける動物保護団体が会員を順調に増やしていった背景に、中産階層の女性や子どもたちの参加がありました。当時の男性優位社会において、女性が公の場で目立った活動することは珍しく、動物保護運動は、女性の社会参画が許される数少ない活動の一つでした。その理由として、女性は子どもを産むことから自然との距離が近いとされたことが挙げられます。その自然界の一部である動物について意見することが期待され、家庭においてペットと一緒に子どもと生活する時間も長かったことから、動物について意見することが認められていたのです。英国では、ビクトリア女王がSPCAの活動を積極的に支援し、1840年に承認を許可すると、王立動物虐待防止協会（Royal Society for the Prevention of Cruelty Towards Animals: RSPCA）と名称が変更され、

さらに人気を博すようになりました。

RSPCA の活動で最も重要だったのは、学校と連携した啓もう活動でした。ホガースの教えに習い、動物に優しくする姿勢を幼少期から育み、大人になってから犯罪に手を染めないよう、鉄は熱いうちに打とうとしました。その一例として、毎年のように全国コンクールを開催しました。動物虐待がいかに非人道的な行為であるかについて子どもたちが書いた感想文を表彰する行事です。優秀作品の受賞者は、ロンドンのロイヤル・アルバート・ホールに招待され、自らの作品を大観衆の前で朗読するなど盛大に執り行われました。このような活動を通して、「動物に優しくしなくてはならない」という情操教育を施そうとしたのです。

児童書にも力を入れました。すでに18世紀の後半から、教育装置としての児童書の活用は普及してきており、19世紀になると、社会のルールを子どもに伝える媒介として確立します。これはみなさんにとってもなじみのある話でしょうが、児童書には多くの動物がキャラクターとして登場します。熊、狐、猫、蛇をはじめ、子どもが動物を通して善悪の判断が培えるために必要な題材ですが、ビクトリア朝（1837-1910）と呼ばれる時代では、とりわけ児童書を通して子どもたちに動物に優しく接するよう仕向けます。子どもたちの（とくに男の子の）狂暴性を収める道具として積極的に用いられ、動物を通して命の大切さを伝え、大人になってから他人に暴力を振るうことがないようにしようとしました。

しかも、19世紀の動物保護運動は、似たような階層の子どもたちの精神衛生を心配するのにとどまりませんでした。ホガースのように、とりわけ低階層の人たちの動物に対する接し方を問題視し、その振る舞い方を正していく、規律していく、教育していくという考え方が強い原動力でした。SPCA が1824年に設立されたとき、会長は次のように発言しています。「（本協会の）目的は、動物に対する虐待行為を防ぐのみならず、社会階層の低い人たちの間に、彼らがより優れた階層の人びとのように考え振る舞い、一定の道徳的な感情を広めることにある」。ホガースが案じた「虐待の連鎖」を信じ込み、動物に対して残虐な行為を繰り返す低階層民は、やがて人を殺しても何も思わないような人間になっていくことを何よりも恐れました。そのため動物虐待を「防止」することは、労働階級が増え続ける都市において、中産階級への危害を「阻止」する策でもあったのです。

ここに動物保護運動のひとつの危うさが垣間見えます。「動物を優しく扱う」ということは、一見、反論の余地のない、普遍的な価値観のように映ります。しかし、歴史的にみると、決してそうではないことがよくわかります。どこの、誰による、どういった動物に対する行為を「野蛮」とレッテル貼りをするのか、場・階層・種の条件に偏りがあるからです。「動物虐待」の定義はしばしば恣意的で、社会的に発言権のある人間たちが決めがちです。しかも、一部の階層と動物虐待を結びつけることで、その階層特有の問題として語られてしまう危険性を秘めています。

その行き過ぎた現代における身近な例として、日本に対する反捕鯨運動が挙げられます。この場合、民族が階層にとってかわり、鯨という一部の哺乳類の扱いが過剰な注目を浴び、日本人が「野蛮」であるかのような印象が生じます。構図として「動物保護先進国」である西洋社会が、「動物保護後進国」である日本を上から注意するようになっていて、文明度の高い人間が、文明度の低い人間を指導するわけです。このことは、決して日本の主張する調査捕鯨政策を擁護するものではありませんが、動物保護運動が人気を集めるようになった19世紀とやり方は基本的に変わらず、多くの歴史研究者が指摘するように、その教訓が現代において活かされているとは言えません。

動物虐待は国際的に改善すべき問題ですが、階級差別が民族差別にすり替わらないよう、注意しなくてはならないのです。

●動物虐待行為の取り締まりと「みにくさ」の排除

動物保護精神が台頭し、低階層の「動物虐待」が問題視されると、それにあたる行為はどんどん取り締まりの対象となっていきました。

19世紀以前から闘鶏が盛んに行われていましたが、「野蛮」だと認定されると、法律によって禁止されるようになります。衛生的な理由も後押しとなり、野良犬や野良猫も含めた動物は「害獣」として分類され、殺処分されていきます。最後の対象がブタです。ヨーロッパでは20世紀初頭までブタを庭で飼う習慣があり、食べたい時に庭でと畜して、「自家製」の豚肉やベーコンをこしらえる習慣が根付いていました。このようなブタは、私的に所有されているにもかかわらず、自ら動物を殺すことが「野蛮」かつ「非衛生的」な行為と目されると、行政によって取り上げられていきました。かくして、動物保護精神の浸透につれ、野蛮だから、衛生上汚いから、感染症が起こるからといった、もろもろの理由を口実にして動物の姿が都市からどんどん消えていきました。

このように完全に都市空間から排除される動物がいる一方、存在が不可視化されていった動物もいます。野良犬などは殺処分の対象となり、姿そのものが都市空間から追いやられましたが、食用に用いられるような産業動物は、そう簡単に姿を消せませんでした。長い間、と畜は肉屋の専売特許でしたので、店舗の前で動物を解体する光景がごくごく当たり前でした。これに対して目くじらを立てることはありませんでした。また、消費者にとっても肉屋がわざと品質を落とすようなことがないよう解体を目撃する利点がありました。英語にはshambles（シャンブルズ）という言葉があります。'It's a shambles.' といえば「めちゃくちゃだ」という意味ですが、shamblesの語源は「と畜場」であり、と殺された動物の残骸や内臓、血などが街中で見られるような状況を形容する比喩表現として使用されます。ところが、中間層を中心にこういう光景が受け付けられなくなると、動物が解体された後の「めちゃくちゃ」

な現場を衆人の目から遠ざけようとします。肉屋ではなく公共と畜場に現場を移し、その際、住宅街からなるべく距離を置き、音や臭いが漏れないような構造を備えた建物が建てられました。科学的な訓練を受けた検査員の立会いの下、動物が殺されていることが認識できないような工夫がなされたのです。

このような不可視化に大きな役割を果たしたのが、鉄道です。19世紀半ば以降、鉄道網が大きく発達しますが、それまでは、仲介業者自ら家畜を市場に連れてくるのが一般的でした。手引きで一緒に歩いてきていたので、たとえばウシの匂いや鳴き声が都市のなかでも臭ったりしました。しかし鉄道が貨物として中央と場に動物を運搬するようになると、産業動物の姿を道路などで見かけなくなります。さらに、基本的に夜に運ばれるので、誰にも気づかれずに、動物たちが殺されていくようになります。そうすると、消費者が食用動物の死について向き合う必要性がなくなり、動物たちの命について考えなくてもよくなります。

興味深いことに、現代人にとって家畜動物のと殺に忌避感を抱くことが多いのに対して、魚介類に対して同じような抵抗感はあまり見受けられません。たとえば、鮮魚の集まる築地市場は観光地化し、マグロの解体ショーをみるため大勢の人が押し寄せます。その一方で、品川と田町の間の芝浦にと場があることはほとんど知られていません。現場に足を運ばせ、牛の解体作業を鑑賞する気もおきません。日本の場合、肉食処理と差別が歴史的に結びついていることが一つの理由でしょうが、と畜をなるべく見たくないという欲求は、日本に限ったことではなく、これまで見てきたように、西洋社会でも見受けられます。その歴史をひもとくと、と畜の「不可視化」が、動物保護思想やペット飼いが台頭する同じ時代に起きたことに気づかされます。

こうした流れから見事に外れるのがペットです。都市部において動物たちが次から次へと去っていく、または不可視化されていく状況のなか、ペットは都市に残り、ますます溺愛されていくのです。

●都市空間に残された動物

ペットと動物園の動物以外に、都市部に留まった動物として、馬車馬も挙げなくてはなりません。自動車が発達して、エンジンに取って替わられる第1次世界大戦前までは、基本的に馬車、つまり文字通り「馬力」が経済活動に必要不可欠でした。

しかも、道路を頻繁に行き交うので、馬車馬は動物として目立つ存在でした。都市化が進行するにつれ、ロンドンにおける馬の頭数は増え、20世紀初頭には20万頭を超えました。都市住民30人に対し、馬が1頭いた計算になります。これほどの馬がいるとなると、問題が起きないわけはありません。たとえば、交通事故にあえば、生き物ですから故障ではなく怪我を負います。血の海のなか、獣医師がかけつけるのを待ち続けるという痛々しい光景も珍しくありませんでした。

このような光景が市民の精神衛生に及ぼす悪影響を、RSPCA は心配します。子どもを筆頭に、不特定多数の市民に動物が死んでいく姿をさらすことを案じたのです。激痛に苦しむ馬をいち早く「解放」するため、警察にかけあい、救済不可能な状況であれば、獣医師の到着あるいは所有者の意志とは関係なく、早急に殺すことを求めたのです。結局、警察が難色を示し、保護団体の希望は完全に通りませんでしたが、動物の死に対していかに敏感になっていたかを窺い知ることのできる好例といえます。動物たちの死が不可視化されていく時代状況だっただけに、馬車馬の死は、より目につく由々しき光景だったに違いありません。

闘鶏の禁止を皮切りに、労働者と動物の関わりを絶つことに力を注いできた動物保護運動は、馬車馬問題には悩まされました。経済活動に欠かせない限り、野良犬のように都市空間から排除したり、と畜のように現場を郊外に移すよう促したりすることがかなわないからです。そうともなれば、馬車馬の運転を任される低階層の人々を、厳しく監視するし

図2　ロンドンにあるグリーンハット休憩所。写真：Ethan Doyle White
(https://en.wikipedia.org/wiki/File:Green_Cab_Shelter,_Russell_Square.JPG)

かありませんでした。馬をきちんと面倒を見ているのか、劣悪な労働環境で働かせていないをチェックするため、RSPCAは監視員を道路に送り込みます。ロンドン市内を練り歩き、「動物虐待」を摘発するのが狙いでした。とくに緊張が高まったのは、雨の日でした。道路が滑りやすいことに加え、雨が降っているあいだ、運転手は喫茶店ではなくパブにたむろする傾向にあったからです。そこで一杯ひっかけた後、馬車を運転すると、虐待行為に及びやすいと考えられ、監視員は運転手たちを主なターゲットとして取り締まっていました。

動物保護を推進する一部の市民は、パブに行かずに休める場所をつくるために、タクシーのドライバーたちが身体を休める、グリーンハットという休憩所を1900年に設立しました。現在でもロンドンの街角で細々と営業を続けています（図2）。グリーンハットとは、運転手専用の小屋（ハット）で、紅茶やコーヒー、温かい料理などを安く買って暖をとることができる場所です。もちろん、アルコール類は購入できません。そうすることで、運転手が労働している馬たちに対して優しくできるような環境を整えようとしたのです。このような努力を通じて、労働者階層が動物に危害を加えることがないよう対策を講じたのです。

4．20世紀ドイツにおける動物保護思想の過激化

●ナチスが提唱した「動物保護思想」

自動車が戦間期に普及すると、馬は瞬く間に都市部から姿を消し、動物は動物園を除くとほぼペットしか残りませんでした。このように動物たちが現代社会から排除されていく状況に対して批判を展開したのは、ナチスでした。その象徴としてペット化を非難し、野生に生きる動物たちとの接点を再び持つことを呼びかけました。

ナチスが「動物好きだった」と紹介すると、驚かれますが、動物保護に熱心であったことは確かです。ナチ党が政権を掌握した後、どの国にも先駆けて動物保護法の制定に動き、世界中の動物保護団体の称賛を浴びました。それまで西洋諸国ではなし遂げられなかった動物実験の禁止までも法律に盛り込み、ドイツが動物保護先進国であることを強く印象付けました。そればかりか、と殺方法を改良し、家畜動物の運搬方法にも人道的配慮を義務付けました。たとえば、ひとつの車両につき運べるウシの数を制限するなど、動物福祉の向上に努めました。さらに1933年、大学で動物保護教育を必修科目にすることで、国民の多くに動物保護精神を植え付けようと試みました。ユダヤ人に対する扱いと、動物に対する扱いが、なぜこんなに違うのかと疑問に思うかもしれません。

ナチスの動物保護者としての「先進性」は、動物を動物として保護しようとした点にあります。それまでの動物保護法は、ペットを所有している人たちの権利や家畜所有者の利益が前提であり障壁ともなっていました。しかし、ナチスは、動物には動物としての固有な価値があると考

え、人間とは独立した存在として保護を受ける権利があるとしました。この点では「進んでいた」と言えます。この考えは、ドイツ語で'um seiner selbst willen geschützt'つまり動物は「それ自体として保護される」べきという文言にも表れています。

ここで指摘しなくてはならいのは、ナチスが提唱した「動物保護」と、これまで見てきた、ペット文化をベースとした動物保護との間には大きな隔たりがある点です。

なによりも異なるのは、伝統的な動物保護運動は、ペットをはじめとする都市の動物に肯定的な感情を抱いていたのに対して、ナチスは都市文明に対して大きな疑問を抱いていたことから、単にかわいい、役に立たない動物に成り下がってしまったペットには否定的な態度をとった点です。このような態度をとったのは、ナチスは、現代文明が堕落し荒廃している原因を、極端な都市化に求めたからです。ユダヤ人を蔑視したのも、金融機関など都市経済と密接に関係する職業に多く就いていたからです。ナチスは、健全な社会を取り戻すには、都市化をリセットする必要があると信じ、原状回復を訴えました。動物にも同じようなことを求めました。つまり、動物らしさを取り戻すことを目指したのです。

ナチスの主張は、しばしば二転三転することで知られています。実際、動物実験を禁止しておきながらも、国家と科学の発展に寄与するような研究なら例外を認めました。また、と殺方法を「改善」した背景に、特殊なと殺法を求めるユダヤ人がコーシャ規定に基づいた加工ができないような狙いがありました。さらに、都市に住み続け、ペットを飼いつづけました。

●ペット化批判と野生動物信仰

実際、ナチスの動物観を体現した人物として、コンラート・ローレンツ（Konrad Lorenz）を挙げることができます。動物行動学の父と呼ばれるオーストリア人学者で、1973年にノーベル賞を受賞したほどの人物です。ドイツ国内でも名が高く、自然のなかで動物と戯れるイメージを持たれています。実際に野生に近い状態で生活を送っていたと言われています。彼はナチスの時代に生きて、ナチスの党員にもなり、ナチスのイデオロギーにシンパシーを抱いていたことが、近年の研究で解明されてきています。

このように、野生動物との共生を図ったことからも見て取れるように、ペットに対して否定的な立場を取っていました。都市生活を送る人間にとって都合のよい動物たちを人工的につくり上げていった結果、動物たちをデフォルメ化して、いろいろな欠陥や病気が引き起こされていると主張しました。そのローレンツがやり玉に挙げたのは、パグ犬です。番犬として役立っていた18世紀を経て、まったく機能を持たない、役に立たない動物になってしまったことを指摘します。野生動物が本来備えている反射神経が鈍り、嗅覚や攻撃性が失われ、性欲だけ増していったと批判しました。人間のエゴを優先したため、生物として多くの欠陥を抱えるペットが出来上がってしまったことを憂いたのです。ローレンツは自然や野生への回帰を提唱し、ペット化を巻き戻すことを夢見ていました。

ローレンツと同じように、ナチスも野生動物に惹かれていました。とくに高く評価したのがオオカミです。ナチスは戦争で負けますが、軍事面でもオオカミはシンボルとして多用されていました。ヒトラーの指揮所がヴォルフスシャンツェ（Wolfsschanze、オオカミの砦、あるいはオオカミの巣）と呼ばれていました。また、親衛隊（SS）は「オオカミ軍」という呼び名でした。さらに、狼男作戦（Werwolf、ヴェアヴォルフ）と名付けた軍事作戦があるほど、ナチスがオオカミに対するあこがれが強かったことがうかがえます。

周知のとおり、狼は犬の祖先です。その狼が人間の手によって家畜化され、猟犬として機能して、パグ犬のようにやがてペットとなっていきました。このような歴史を巻き戻し、ペット化による動物の劣化を防ぐため、狼に大きな期待を寄せました。ナチスはそれを「退廃を伴わない文明の規律」「アナーキーを排除した自然」といった抽象的な言葉を使って表現しています。ナチスは、動物保護法を制定した翌年の1934年には、オオカミ保護法を通し、世界で初めて野生動物の保護を実現しました。

ところが、ナチスがオオカミ保護法を通した時点では、すでにヨーロッパではオオカミは絶滅していました。そこで、ナチスは、ペットであるイヌをかわいいものではなく、たくましいものへと回帰させ、オオカミに近づけようとする試みに積極的に乗り出しました。それがジャーマンシェパードやドーベルマンなどの犬種が優遇され、ナチ時代に人気を博する状況を作り出しました。ヒトラーの愛犬として最後まで隣にいつづけたとされるブロンディも、ジャーマンシェパードでした。

同じように「ペット」を飼うことに変わりはありませんが、パグ犬を溺愛したホガースと、ジャーマンシェパードを愛したヒトラーとの間には、時代も国も異なりますが、動物に対する考え方もまるで違いました。「かわいらしさ」を追求するのか、それとも「たくましさ」を求めるのか以上に、相反する世界観があったのです。ただ、動物へのまなざしはペットに傾いていたことと、ナチスの場合、視線が野生動物に向けられていたことから、どちらも都市部において「排除」また「不可視化」される動物について言及することはあまり見受けられませんでした。

5．まとめ

最近、上野動物園に久しぶりに誕生した赤ちゃんパンダのシャンシャンが大きな話題を集めました。このニュースに対する過熱ぶりを通して、現代人と動物の関わり方の基本的な特徴が見て取れます。一つは、シャンシャンを実際「見る」ことができる人々が非常に限られていることです。これは、赤ちゃんを保護する観点から入場を制限することがもっぱらの理由ですが、その結果、テレビをはじめとするメディアが発するシャンシャンの「映像」を介してしか、大多数の人間は「消費」することができないことを意味します。二つは、パンダのような視覚的に「かわいい」動物が注目を集めやすいことです。珍しくなければ、一般動物は見向きもされませんし、「醜い」ゴキブリのような害虫も脚光を浴びることはありません。最後に、パンダのような絶滅に瀕する動物は、人間への依存なしに、生き延びることができないことです。科学者に囲まれながら、彼らの飼育管理を受け入れ、人工的に作られた環境のなか、人間社会に対して「価値」を提供しつづけなくてはなりません。

このような現代人と動物の関係性になるまで、どういった経緯でたどり着いたのか、ヨーロッパの経験と照らし合わせ、講義をしてきました。18世紀パリでおきた「ネコの大虐殺」の話から始まり、19世紀におけるペット文化の隆盛と動物保護精神の台頭を経て、20世紀におけるナチスのペット批判についてみてきました。このような大きな歴史の流れのなかで、イヌやネコがペットとして都市部に残ったのに対して、かつて道路をにぎわせていた多くの家畜動物は、姿を消していきました。動物虐待と認定された闘鶏のように、台頭する動物保護精神と合致しないことを理由とされた動物もいれば、と畜のように、動物が殺される光景がいたたまれないという理由で、姿が見えなくなっていった動物もいます。つまり、人々の愛情が注がれるのにふさわしい動物と、そうではない動物とに分類され、その扱いにおいて大きな差が生じたことになります。しかも、溺愛の対象となったペットは、「かわいらしさ」を提供するモノとして取引されるようになり、もはや人間なしには生きていけない動物になってしまったことからもわかるように、ヒトと動物は、非常に偏った関係性を持つに至ったと言えます。

今後のヒトと動物の関係性を考える上で、今回の講義は、動物に優しくすることの意味についても考えました。動物保護運動の歴史を紐解くと、19世紀の動物虐待防止運動の例が示すように、労働者階層に対する恐怖が大きな原動力となっていたことがわかります。それはしばしば、保護すべき動物の差別化を意味すると同時に、人々を差別することにもなり得ることも学びました。これに加えて、どのように動物を社会的に位置づけたらいいか、いろいろと疑問がわいてきたはずです。私たちは動物を自然界のものとして見なすべきなのか、都市において飼うべきなのか。野生動物はどう扱うべきなのか。絶滅危惧種を救うことの社会的な代償はなんなのか。かわいい、醜いというような基準で動物を判断してはいないだろうか。ペット偏愛の影響で、その他の動物への視線が行き届かなくなっていないか。どう距離をおくべきなのか、どのようなヒトと動物の関係性が望ましいのか。こうしたさまざまな疑問を歴史は投げかけてくれたのではないかと思います。

ペットとのコンパニオンシップから得られるもの

濱野佐代子

（はまの　さよこ）帝京科学大学生命環境学部准教授。博士（心理学）。獣医師。臨床心理士。白百合女子大学大学院博士課程発達心理学専攻単位取得満期退学。専門は、発達心理学、人間動物関係学。著作に『日本の動物観』（共著、東京大学出版会、2013年）、『発達心理学事典』（分担執筆、日本発達心理学会編、丸善出版、2013年）などがある。

私は、帝京科学大学で人と動物の関係学やアニマルセラピーなどについて研究や教育をしています。日本獣医生命科学大学で獣医学を学び、白百合女子大学大学院で発達心理学を学び、このテーマに行き着きました。今回は、ペット飼育の現状、ペットとの関係から得られるもの、そして動物介在介入（アニマルセラピー）についてお話していきます。

1．ペット飼育の現状

家庭で飼育されている動物の呼称は歴史とともに変わってきています。かつてはドメスティック・アニマルと言われていましたが、やがてペット（愛玩動物）と呼ばれるようになり、いまではコンパニオンアニマル（伴侶動物）という言葉を使ったりします。しかし、一般にはペットという言葉が浸透しているため、今日はペットという言葉を使います。

ペットの歴史は古く、イスラエルのアイン・マラッハ遺跡から、1万2,000年前にイヌ科の幼獣と一緒に埋葬された女性の骨が発掘されています。人と犬がきずなで結ばれていた最も古い証拠です。

日本ではペットブームが続き、最近の傾向としては、ペット飼育可の住宅が増え、さらには、ペットを飼っていないと入居できない住宅も出てきています。また、病気になったら動物病院に連れていって治す疾病治療が定着してきましたが、さらに、トレーニングに料金を支払い、ペットの困った行動までも治療する時代になりました。昔なら、咬みついたり、むだ吠えしたり、飛びついたりするような犬は手放していた飼い主が多かったのですが、現在はその行動を治療して飼い続ける飼い主も増えてきました。それだけ飼い主の意識が高まってきたのでしょう。

ペットの保険に加入する人も増えてきていますし、ペットを埋葬する専用の霊園も増えてきています。ペットの霊園では、墓石に「タロウ」「愛」と書くなど、ペットの名前やそのペットを象徴するような飼い主の好きなことばを墓標に刻んでいるものもあります。このように、人間のお墓とは違う特徴が見られます。犬や猫を家族の一員として大切に飼っている人は、このようなペットの霊園に埋葬する傾向も見られます。なかにはペットと一緒のお墓に入りたいと考える飼い主もいます。

日本において、動物の愛護及び管理に関する法律が制定、さらに改正されるなど、動物愛護の意識はとても進んできていますが、一方で飼育放棄や動物虐待の問題もあります。環境省が定義している動物虐待の種類としては、積極的（意図的）な虐待、ネグレクト（飼育放棄や養育放棄）があります。

現在は、動物の愛護、さらに進んで動物の福祉（アニマル・ウェルフェア）という考え方が定着してきました。アニマル・ウェルフェアとは、飢えと渇きからの自由、不快からの自由、痛みや外傷、病気からの自由、正常な行動を表す自由、恐怖や不安からの自由という５つの自由を守りながら、動物を適性に飼育することです。

私は、ペットの持続的な幸福を満たすような飼い方が良いのではないかと考えています。人間のエゴで身勝手な飼い方をするのではなく、ペットの立場という視点を入れて、動物の福祉を守って飼っていく方が人とペットがお互いに幸せに暮らすことができるのだと考えています。それがこれからの日本において人とペットの共生を実現させる方向性であると考えます。

現在、日本ではどのような種類のペットが飼われているのでしょうか。ペットフード協会（2015）の調査によりますと、犬は991万７千頭、猫は987万４千頭飼育されています。ちなみに15歳未満の子どもは1,617万人（総務省、2015）と発表されていますから、この総数の比較からも、日本ではペットの数は子どもの数を上回り、かなり多いことが分かります。

平均寿命においては、犬は14.2歳、猫は15歳と言われています。「この中で、15歳以上の犬を飼っている人はいますか？」

学生Ａ「18歳です。」

「ありがとうございます。18歳の犬を飼っているということはよく聞きます。

それでは猫はどうでしょう？　20歳以上の猫を飼ったことがある人はいますか？」

学生Ｂ「21歳までです。」

学生Ｃ「22歳です。」

「すごく長生きですね。」ペットが長生きになってきたのは、食べ物がよくなったからです。人間の残りご飯とみそ汁をまぜた様なものを与えていた時代から、栄養バランスの良いペットフードを購入して与える時代になってきています。さらに人間の予防接種のように、病気予防のためにワクチンを接種し、飼い主が望めば、高度医療を受けることもできます。ペットがガンになれば、放射線治療まで行う場合もありますから、今や人間と同じような高度医療も受けることができます。そのようなペットの医療の進歩や予防医療の充実、ペットフードの高品質化がペットの寿命を延ばすことに一役かっているのです。

ペットが長生きになってきたことによって、人とペットの関係はより親密になってきたと考えられます。ペットフードが高品質になり、獣医療が進歩した。病気になる前からワクチンを打ち、病気になったら治してもらえる。その結果、ペットの寿命が延び人とペットが長い人生を共に生き、ペットとの関係がさらに親密になっていくのです。

2．ペットとの関係から得られるもの

●動物はどういう存在か

2002年に「飼っている犬や猫はあなたにとってどういう存在ですか？」と、犬および猫と同居する20代の女性312名に調査しました。１位は家族です。２位は友人、３位は兄弟姉妹です。20代の女性には、犬や猫が私の恋人だと言う人もいて、「ああ、20代の女性特有の回答だな」と思いました。

内閣府の動物愛護に関する世論調査（2010）では、「ペット飼育のよい理由」の回答として、生活に潤いや安らぎが生まれる、家庭が和やかになる、子どもたちが心豊かに育つという心理的な理由が上位を占めています。

昔、犬は番犬としての役割がありました。いまの多くの犬は、しつけがきちんとされ、高価な犬も多いので、番犬にならないどころか反対に犬が盗まれてしまうのではないかという心配もあります。いまは番犬としての役割を期待して飼っているのではなく、心理的な利益を目的として飼っている人が多いのです。

猫は、昔は病気を運んでくるネズミを駆除する役割がありました。いまは、猫と一緒にいると和む、癒やされる、かわいいという理由で飼っている人が多くなり、ペットの役割りは時代とともに変わってきています。

●人とペットの関係

人とペットとの関係は、英語で、ヒューマン・アニマル・リレーションシップ（Relationship）と言いますが、ヒューマン・アニマル・ボンド（Bond ＝きずな）と言う場合もあります。愛着（Attachment）を使用することもあります。ジョン・ボウルビィ（J. Bowlby）は有名な英国の精神科医で、愛着理論（Attachment Theory）を提唱しました。愛着とは、人間（動物）が特定の個体に対して持つ情愛的きずなのことです。ボウルビィは、子どもと親、さらに成人同士で愛着が発達していき、それらは将来を通じて存在すると言っています。人とペットの関係が、親子関係にとても似ているため、アタッチメントの理論を用いて人とペットの関係を表すことが多くなってきました。

ボウルビィの理論を援用して、私は、34項目の人とペットの愛情を測る心理尺度である「人とコンパニオンアニマルの愛着尺度」（図1）を開発しました。みなさんは心理学専門ではないので、簡単に説明しましょう。たとえば身長を測るのに身長計を、体重を量るのに体重計を使いますね。そうしたときに、身長を測ったら、今日は150cm だったのに、明日は170cm になるという身長計は信じられませんし、身長計で体重は量れませんね。そのように心のなかを測るときに、いつ測定しても結果がある程度変わらないことを信頼でき、測定したいものを測定できているかの妥当性を保障でき、人の心理のある特性を可視化できる「心を測るものさし」が心理尺度です。具体的には、質問項目を選定し、アンケート調査を実施し、結果を心理学統計法で解析して、人とペットの愛情を自記式で回答する心理尺度を作ったのです。

この心理尺度には、親子関係や兄弟関係を測定する心理尺度、自分はどれだけ自分のことを尊敬できるかという自尊心を測定できる尺度などいろいろな心理尺度があります。

この「人とコンパニオンアニマルの愛着尺度」は6因子に分かれてい

教示：あなたとあなたのペットとの普段の関わりについておたずねします。つぎにあげるようなことにどの程度あてはまりますか。数字に１つ○をつけて下さい。あまり深く考えないで、思いつくままにお答え下さい。「あてはまる」「ややあてはまる」「どちらともいえない」「あまりあてはまらない」「あてはまらない」の５件法で回答する。	
	第１因子「快適な交流」
32	私はCAを見ているのが楽しい
9	CAと一緒に過ごすのが好きである
4	CAは居てくれるだけで穏やかな気持ちになる
30	CAは私を楽しませたり、笑わせたりする
5	CAと一緒にいるといやされる
27	私はCAをよく撫でる
10	CAは見ているだけで、楽しい気分にさせてくれる
26	CAが誰かにほめられるとうれしい
31	私は、CAに触れることで、気分が落ち着く
	第２因子は「情緒的サポート」
7	嫌なことがあると、CAに話しかける
6	悩みや、悲しいことがあったときなどに、CAの傍に行く
3	他の人には言えないこともCAには話せることがある
8	楽しいこと、うれしいことがあったときなどに、CAの傍に行く
22	私はストレスがあると、家族の誰よりも先にCAのところへ行く
2	悩みや、つらいことがあるとき、CAのことを思うと気持ちが慰められる
1	CAは他の誰よりも私のことを分かってくれる
	第３因子「社会相互作用促進」
15	CAを介して、いろんな世代、年齢、立場の人と知り合いになれた
13	CAを飼ってから、近所の人と係わることが増えた
14	CAの散歩中に、知らない人に話しかけられることがある
12	CAの話題は、他世代（違う年齢）の人との話を円滑にしてくれる
16	CAの話は、苦手な人とのコミュニケーションの手段の１つである
11	CAが居るので、一緒に外へ行く機会が増えた
17	CAを飼っている人に親近感を覚える
	第４因子「受容」
34	CAは私に「私は信頼されている」と感じさせてくれる
33	CAは私に「私は愛されている」と感じさせてくれる
28	CAは私に「私は必要とされている」と感じさせてくれる
29	CAは私に「私は安全だ」と感じさせてくれる
	第５因子「家族ボンド」
19	CAの話は、家族の中で話題の中心である
20	CAの話は、家族の話題を増やした
21	家族は、CAがいるおかげでまとまっている
18	CAが居ることで、家族のケンカが減った
	第６因子「養護性促進」
24	CAを飼うことで、ケア（世話）する能力が身についた
23	CAを飼うことで、自分より弱いものを気にかけることを学んだ
25	一つの命を育てているという満足感がある

図１　人とコンパニオンアニマルの愛着尺度

（濱野佐代子「家庭動物」、石田戢・濱野佐代子ほか『日本の動物観』（東京大学出版会、2013）43-44頁、表2.2。一部改変）

注）左の数値は使用する際の項目の順序、コンパニオンアニマルはCAと表記する

ます。この心理尺度を作成するときに、愛情といっても、いろいろな側面の愛情が想定されましたので、因子分析という手法で解析しました。それぞれの項目で回答傾向が類似しているものが集まりますので、その因子の特徴を表すような項目に分かれます。

当てはまるか、当てはまらないかの程度を回答する評定尺度でどのくらい当てはまるのか、自分で回答していきます。どの因子の点数が高いかによって、自分がペットとの関係においてどのような愛着が高いのかが分かります。具体的に6因子をあげますと、日常の触れ合いからもたらされる快適さや楽しさなどの「快適な交流」、存在自体がストレスの軽減になり気分を落ち着かせる「情緒的サポート」、世代を超えた他者とのかかわりを媒介して人と人との間をつなぐ「社会相互作用促進」、受け入れてもらえているという「受容」、家族の間をつなぎ雰囲気を楽しくする「家族ボンド」、自分より弱いものの命を大切にする気持ちが養われる「養護性促進」です。

●動物がもたらす効果

動物が人にもたらす効果を、マックロウ（M. J. McCulloch）は、「心理的利益」「社会的利益」「身体的利益」の３つに分類しています。

心理的利益から見ていきます。動物は、うれしい、楽しい気持ちになる、必要とされているといった肯定的な感情状態をもたらしてくれます。一人暮らしの孤独な高齢者は、動物を飼うことで、必要とされていると感じることができます。また、動機付けになる、自尊感情が高まる、達成感が高まる、孤独感が軽減されるといった心の利益があるといわれています。動機付けになるというのは、たとえば、子どもが学校に行くのが嫌になったときに、飼っている犬が支えてくれ、待っていてくれるから、学校に行って頑張ろうと思った、というようなことです。

２つ目は社会的利益です。動物は対人関係の潤滑剤になります。研究者は潤滑剤という言葉をよく使います。私が所属している大学の前に、フレンチブルドッグ４匹を、朝晩２回２匹ずつ毎日散歩に来る60代ぐらいのお父さんがいます。１日合計４回散歩するそうです。大学の近くにこども園がありますが、そこの子どもたちはいつもそのワンちゃんをなでているそうです。このワンちゃんたちは、学生の何人かになでてもらわないと帰らないという人懐こい性格のワンちゃんです。60代のリタイアされたお父さんと見ず知らずの20代の学生が触れ合うことは、普段の生活のなかではあまりみられません。動物は人と人の間をつないでくれる「つなぐ役割をする社会的利益がある」と説明するときにはいつもこのほほえましい事例が心にうかぶのです。

身体的利益は、動物を眺めたり、なでたりすることでリラックス効果が得られたり、病気からの回復や神経筋肉系のリハビリテーションに役立つということです。たとえば障がい児乗馬というものがあり、自分では走ることのできない子どもが馬に乗ることによって、走ったときと同じような筋肉の動きをすることによりリハビリに役立つようなことです。

●動物飼育の子どもへの影響

動物飼育の子どもへの影響も見てみましょう。

子どもへの良い影響には、相手のことを自分のことのように感じ、相手の痛みにセンシティブになる「共感性」、自分は自分でいい、自分を自分で尊敬する、自分はできるという「自己効力感」、自分自身の行動を調整する自己コントロールの能力である「自己統制」、自分のことは自分でできる「自律性」があります。あるいは「発達を促進する」という先行研究もあります。

また、社会・情緒、認知などいろいろな子どもの発達、成長に影響します。このように直接的に発達に影響する場合と、そのほかに、間接的に影響を与える場合もあります。たとえば、動物を飼うことが、子どもの周りの人や家族の関係性に良い影響を与える。そうなることで、間接的にその子どもの成長によい影響を与えるだろうと考えられています。

重要なことは単に動物を飼っているかどうかよりも、子どもの動物への愛着が重要です。小学校や幼稚園、保育園の先生に「学校・園内で飼っているといい影響があるのか」と聞かれることがありますが、単に飼っているだけでは子どもに良い影響はありません。動物への愛情が基盤となって、困っている動物がいたら助けたり、「おなかがすいているのかな」と推測したりするのです。そのようなことが、子どもたちの心に芽生えていくことが重要です。

パピーウォーカー（盲導犬の候補の子犬を家庭で育てるボランティア）を対象とした私の研究についてもお話しします。盲導犬は、目の不自由な方の歩行の補助をする犬のことです。盲導犬になる犬は、生後３か月から１歳ぐらいになるまで、パピーウォーカーのボランティアの家庭に預けられて育ちます。この犬たちは目の不自由な人のために働く犬なので、訓練所だけで暮らしていると、いろいろな環境の刺激を受けることが少なくなってしまいます。家庭で愛情を注がれながら、いろいろな経験をする、たとえば赤ちゃんと過ごしたり、お年寄りと過ごしたり、犬が小さい頃にいろいろな環境に触れていると、どんなところに行っても動じない犬になるのです。そこで、人間の社会になじむように約10か月間、一般家庭で愛情を受けて育てられます。

公益財団法人日本盲導犬協会の協力で、小学生がいるパピーウォーカーのボランティア家庭を訪問して面接調査を行いました。このパピーウォーカーボランティアをやっている10組の家族を訪問して、パピー（盲導犬の候補の子犬）がやってきたとき、次にパピーがいなくなる前、そしてパピーがいなくなった後という３つの時点で面接調査を行いました。

この調査では、データを活かすように質的に分析した結果、次のような３期にまとめられることが分かりました。

1．初めはトイレもふるまいもよく分からないパピーがやってきて、子どもたちは混乱して、かみつかれるなどの経験をしながら、パピーときょうだいのように接し、試行錯誤しながら育てる「とまどいと混乱期」。

2．だんだんかわいくなって、愛情や心地よい関係性を結び、きたる別れの準備期に入ります。視覚障がい者やパピーの将来のために、大切な家族であるパピーを送り出します。これが「愛着形成から巣立ちへ」です。

3．パピーが訓練所に帰り、別れを経験する「喪失経験とバリアフリーの意識へ」です。

パピーと別れるという経験を経て、視覚障がい者や障害を持った方に意識が及ぶという意味での「バリアフリーの意識」が芽生えるのです。

子どもたちはパピーと兄弟のように過ごします。一人っ子の家庭では、親御さんが「この子は兄弟げんかをしたことがないから、経験が少ないので心配だ」と思っていたそうですが、パピーが来て、兄弟のようにけんかをする、両親の愛情を奪い合う経験をして、成長してお兄さんになったと話していました。

そのように試行錯誤しながら育て、訓練を受けて盲導犬になることを目標に、子どもは、家族と一緒に自問自答しながら、パピーを送り出していく過程があります。子どもだけではなく、ときには家族で「飼い続けたい、でもだめだよね」と言い争いながら、しかし一致団結してパピーウォーカーのボランティアを行うことで、家族関係もまとまることが分かりました。子どもにとっては強く愛情を注ぐ相手との別れであり、自分の欲求を抑えて、他人のために耐えて、自ら立ち直っていく経験です。この経験が、共感性や責任感、忍耐力などの心の発達に良い影響を与えることが明らかになりました。

子どもにとって、動物の世話は、世話をしないと死んでしまう、思い通りにはならない、途中でやめられない、動物は話すことができないという特徴があります。一方、動物は子どもにとって、学校で嫌なことが

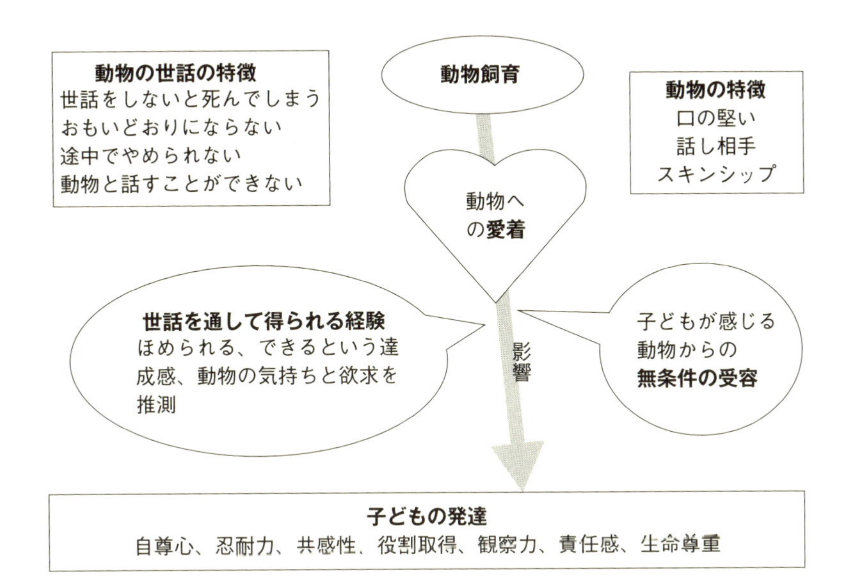

図２　動物飼育経験による子どもの発達への影響
（濱野佐代子「コンパニオンアニマルと子育て支援」、繁多進編『子育て支援に活きる心理学』（新曜社、2009）176頁、図15-１。一部改変）

あったときに話し掛けることができる口の堅い話し相手であり、動物を抱っこしたり、なでたりというスキンシップもできます。

世話を通して、うまくできると大人にほめられること、できたという達成感、動物の気持ちと欲求を推測するという経験ができます。動物を飼うことで、子どもが感じる「動物からの無条件の受容」の経験もあります。大人からは「今日は100点を取ってきた良い子のあなたが好き」と条件付きで受け入れることもありますが、自分のペットは、たとえ０点を取ってきても「いつでもあなたが好きだよ」という気持ちを送ってくれます。そういう無条件に受け入れる動物から子どもへの愛情が子どもの発達に良い影響を与えると考えられています。

自尊心や忍耐力、共感性、役割取得、観察力、責任感、生命尊重といった点で、子どもの発達にも影響を与えます。自尊心というのは、自分を尊敬する気持ちです。最近の小学生は自尊心が低いという研究調査結果もありますが、動物を飼うことは自尊心を上げるためにも役立つのではないかといわれています。動物の世話は、途中でやめられないので最後まで頑張らざるをえないので忍耐力が養われます。また、相手の立場に立って、いま、動物がどういう状態なのか、推測をすることが共感性の発達に影響します。また、観察力や責任感が身に付き、生命を尊重することにつながり、子どもたちの発達によい影響を与えると考えられています。(図2)

●ペットロス

一方、たいていの動物は人間より寿命が短く先に死んでいきますので、ペットロスを経験します。ペットロス症候群については、一時、大きな話題になりましたが、ペットロス症候群と症候群がつく場合は普通のペットロスよりも複雑で、精神科医療の介入が必要な状態のことです。ペットロスは、愛情や依存の対象であるペットを死別や離別で失う対象喪失のひとつです。対象喪失とは、夫や妻、親、子どもというような大切な人を失う対象喪失に伴う一連の苦痛に満ちた深い悲しみである悲哀(mourning)もしくは悲嘆(grief)の心理過程のことです。みなさんもグリーフケア、セラピーという言葉を聞いたことがあるかもしれませんが、これは大切な人を失った悲しみをカウンセリングで癒やしていくセラピーです。ペットを家族のように飼っている人は、ペットを亡くしたときに家族を亡くしたような気持ちになるので、このような悲しみの心理過程を辿ります。

たとえば、夫や妻、子どもを亡くした人の悲哀の心理過程を、前述したボゥルビィや、「死にゆく過程の心理的段階」を提唱した著名な精神科医エリザベス・キューブラー・ロスなどいろいろな人が説明しています。ペットロスに関してそれらの考え方をまとめると、図3のようにな

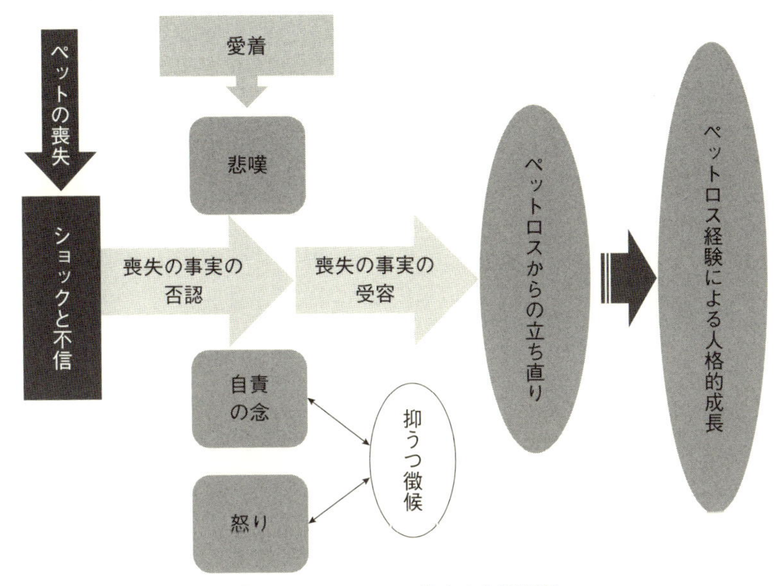

図3　ペットロスの悲哀の心理過程
（濱野佐代子「ペットロス」、日本発達心理学会編『発達心理学事典』（丸善出版、2013）495頁、図1。一部改変）

ります。

ペットを失ったときに初めに経験するのがショックと不信です。「信じられない」という気持ちになり、「どこかで生きているはずだ」という否定の心が働きます。そして、そのときには、怒りが生じたり、自分を責めたり、深い悲しみに暮れます。私は、ペットへの愛着とペットロスの関連を調べたことがありますが、愛情が深いほど悲しみも深くなることが分かりました。

対人関係でも同じです。何かを、大切な人を失うかもしれない人、もしくは失った人は同じ心の過程をたどると、エリザベス・キューブラー・ロスも述べています。伴侶を亡くした人たちの研究をしている研究者は、大切な人を失った人には悲しみが訪れるが、そのような喪失経験をした人間は、以前より人の悲しみに敏感になり、優しくなるといった人格的な成長をすると言っています。ペットを亡くした人にもそのような兆候が見られ、愛情が深いほど落ち込みはひどいのですが、立ち直った後の人格的な成長も著しいことが、私自身の研究でも明らかになりました。

このことを、2000年頃から「喪失経験による人格的発達；Stress Related Growth, Posttraumatic Growth」と呼ぶようになりました。それまでは、喪失経験のネガティブなところだけに焦点を当てていたのですが、喪失は失うだけの経験ではなく，そこから生まれるものがあると言われるようになったのです。ペットロスでも同様に、失った対象が与えてくれたものを実感し、命の大切さを実感します。また、他者への悲しみの共感性が増すことや、人間的に成長することが、その後の人生の糧となる重要な経験になります。

ある青年は「自分は家族を亡くしたことはないけれど、家族のように飼っているペットを亡くしたときに、ああ、家族を失った人はこんなに悲しいのだと初めて考えられるようになった」と述べていますし、6歳の小さな子どもでも「猫が死んだときに、お母さんが泣いていて、その様子を見て自分も悲しかった」というように、いろいろなことを感じます。子どもたちにとっても大切な人やペットとの別れの経験は、成長に欠かせないのです。ペットロス経験をした子どもの方が死の概念を理解するのが早いという結果も出ています。

3．動物介在介入（いわゆるアニマルセラピー）

アニマルセラピーというのは正式名称ではありません。現在は、「動物介在介入 Animal Assisted Intervention（AAI）」と総括して使用され、その定義は、「治療的または改善的なプロセスないし、環境の一部として動物を意図的に含める、または組み入れるあらゆる介入のこと

(Kruger ら、2007)」となっています。

ペットを連れて高齢者施設を訪問することや、動物を飼っている病院や高齢者施設のように、動物を介在させることによって、身体的、心理的、社会的利益を得るというのが、動物介在介入です。

動物介在介入と総括して使用されるまでは、動物介在活動 Animal Assisted Activity（AAA）、動物介在療法 Animal Assisted Therapy（AAT）、動物介在教育 Animal Assisted Education（AAE）の３つに分かれていました。現在もこれらの用語は使用されています。動物介在活動というのは、テレビなどでよく見られるような高齢者施設などに動物を連れて訪問する形態です。動物が来ることによって高齢者が癒やされたり、うれしかったりする。そういう活動を楽しむこと自体を目標としたものです。

動物介在療法は「療法」と付いていますので、専門家（医師、作業療法士、理学療法士、臨床心理士等）が行う、治療目標を設定し動物を用いて行う補助療法です。たとえば、手のリハビリテーションをするという目標があったとしましょう。普通に手の上げ下げをするリハビリでは、つまらないし、痛くて辛いというときに、犬のブラッシングで楽しんでリハビリをやるような、動物を動機づけとして用いた補助療法などです。

動物介在教育というのは、家庭や小学校や幼稚園などで動物とのふれあいを通して、子どもの心理社会的な発達や人格的成長を促すものです。

いままではいわゆるアニマルセラピーはこのように厳密に区別されていましたが、いまはこれらを総括して「動物介在介入」と呼んでいます。

こうした動物介在介入や人と動物の関係に関する研究を行い、報告する組織が IAHAIO（International Association of Human-Animal Interaction Organizations）です。３年に１回、国際的な学術大会があり、動物介在介入の活動や教育に関するガイドラインが各大会の宣言で出されています。また、人と動物の関係に関する研究雑誌を発刊している団体 ISAZ（The International Society for Anthrozoology）もあります。

●動物介在介入実施の留意点

本日は、広く一般に知られているアニマルセラピーという言葉を使っています。アニマルセラピーの実施にはいくつかの留意点があります。

まず、人に効果があることが必須条件です。

つぎに、動物を連れていくことや使うことによる動物側のストレスも考えなければいけませんし、介入する動物の適性もあります。また、動物介在介入を行う人の適性も考えていかなければなりません。

ペットパートナーズ（Pet Partners）という北米の大きな動物介在介入のボランティア団体では、動物介在介入に参加する動物の適性をチェックしています。この団体に所属したボランティアとその飼っているペットは適性を評価され合格すると、病院や高齢者の施設に連れていくことができ、そこで動物介在介入の活動を行います。

動物介在介入に使用する動物は、陽性強化法で訓練され、適性に飼育されている家庭のペットを使います。陽性強化法とは、昔行われていたように動物をたたいたり、ぶったりして恐怖でしつけるのではなく、褒めて育てるような陽性の強化を用いた訓練法です。動物介在介入に向いているペットは、犬や猫、ウサギ、モルモット、馬、ハムスター、鳥、ヤギなど、いろいろいます。そのうえで、その動物の公衆衛生学的適性と行動適性を評価します。

公衆衛生学的適性とは、人から動物にうつる病気、動物から人にうつる病気である人獣共通感染症などを保有しておらず、健康が管理されていることをクリアしているかどうかです。行動適性というのは、病院や施設などに行ってもマナーが身に付いているか、動物の性格が動物介在介入の活動に適しているかどうかです。たとえば、動物が知らない人のところに連れていかれ、その場所には思いもよらぬ行動をするような人たちもいますから、そのようなことに左右されずに、その相手や状況を楽しんで活動できるかどうかといった行動適性も調べられています。

もちろんアニマルセラピーを行うボランティアの適性も重要だと思います。

●動物介在介入のタイプ別分類〜①施設訪問型

アニマルセラピーのタイプには、施設訪問型、施設飼育型、屋外活動型、心理療法の補助型があります。

まず施設訪問型です。ペットパートナーズは北米の歴史のあるボランティア団体で、病院の集中治療室で活動する事例もありますから、その点では、日本よりも活動が周知され進んでいます。私も、ペットパートナーズの研修に参加したことがあります。

もう１つ、あわせて紹介したいのが公益社団法人日本動物病院協会のCAPP活動です。約30年の歴史があり、ボランティアを育成して病院や高齢者施設などにペットを連れていきます。日本にはほかにも団体がありますが、一番古く、これまで大きな事故もありませんし、小児がん病棟でも活動しています。歴史があり組織化されているので、この２つの団体を紹介しました。

施設訪問型の場合、動物を連れて施設を訪れるので、１度に多くの人が動物と触れ合うことができるという長所があります。病院や高齢者施設、精神障がい児者施設などに連れていき動物介在介入を行います。活動するためには、施設、スタッフ、施設利用者やその家族の活動に対する理解が必要です。

動物介在介入の活動のなかに、R.E.A.D プログラムというものがあります。これは、活動に参加した子どもが犬に本の読み聞かせをするもので、犬はボランティアの飼い主によってしつけをされています。日本の子どもたちは読んだり聞いたりするのに問題がない子が多いのですが、アメリカでは子どもの環境によって読書能力に差があります。読むのが苦手な子どもが犬に聞かせてあげると、犬はうんうんと内容は理解しているか分かりませんが、聞いているようにふるまってくれるので、犬が子どもにとって良いモチベーションになって、子どもが楽しんで本を読み聞かせることができるというものです。アメリカの子どもたちも本離れが進み、本を読まなくなったので、読書習慣の促進に役立っています。

2011年、前述したIAHAIOの会長のジョンソン博士が所長のミズーリ大学の人と動物の相互作用研究所（ReCHAI）に、私は半年間在外研究員として在籍し、その研究所のいろいろな動物介在介入の活動に参加してきました。そこでもこのR.E.A.Dプログラムを実施していました。家のなかで本を読んでもらう機会が少ない子どもたちに、放課後にミズーリ大学の学生たちが犬を連れていきこのプログラムを実施していました。子どもたちは喜んで犬に本を読み聞かせをしていました。犬はおとなしく聞いていますし、間違っても「だめ」と言わない、「つっかえないでちゃんと読んで」などと批判しないので、子どもたちは喜んで読んでいました。基本的にこの活動に使う動物は、犬ですが、家で飼われていて適性があるペットならいいので、ペットパートナーズではペットの豚を使って本の読み聞かせを行っている例もありました。

●動物介在介入のタイプ別分類～②施設飼育型

動物を施設で飼っているタイプもあります。このタイプは何がいいかというと、毎日、動物と触れ合えることや、一人で飼えない人も、他の人が世話をしている動物に触れ合うことができる、施設内で共通の話題ができるといったことがあります。

このタイプには、高齢者施設や小児病院、精神科病棟、治療施設などがあります。また、最近注目されているのがミズーリ大学のReCHAIのタイガープレース（Tiger Place）です。これは、いままでは高齢者施設に入るときは、自分が飼っていたペットを手放さなければならなかったのですが、このタイガープレイスは、ペットも一緒に入居できる施設です。そして飼い主の高齢者の方がペットよりも先に亡くなった場合にも、その後もペットの面倒を見てくれる施設です。学生が、入居高齢者のペットの世話を手伝いに行くという提携をしています。日本でもこれをモデルにして実施しようという話もあります。

みなさんも聞いたことがあるかもしれませんが、情緒障害の自閉症の子どもや、非行などで普通の学校には通えなくなった子どもたちが、住みながら勉強をするグリーンチムニーズ（Green Chimneys）という教育施設がアメリカにはあります。私も視察に行きましたが、さまざまな動物を飼い、その動物を世話することで、入居している子どもたちがいろいろなことを動物から学ぶことで有名になった治療教育の場所です。

たとえば、グリーンチムニーズでは馬を使って活動をしています。自閉症の子どもの場合、対人関係が難しいといわれています。たとえば、人は笑って「いいよ」と言っていても、本当は心のなかでは「だめだ」と思っているというように、心のなかと表現が違うことがあり複雑で理解が難しいのです。しかし、動物は怒っていたら怒っている、嫌だったら嫌だというように、ジェスチャーが単純なので、まずは動物で練習していくのです。こういうときは聞き耳を立てている、こういうときは警戒している、だから触ってはだめだよと覚えることによって、それを通じて非言語的なコミュニケーションを学び、人との関係にも応用していくのです。また、他人に興味のない子どもにも動物を介して興味を持たせることによって、人間関係に活かしていきます。また、虐待を受けた子どもが、傷ついた動物をケアすることによって、愛情の交流という経験を通して自分の辛い経験から立ち直っていくプロセスもあり、いろいろな動物を介在させた活動が行われています。

●動物介在介入のタイプ別分類～③屋外活動型

屋外でのタイプは、乗馬活動や乗馬療法が多いです。施設や自宅では飼えない動物と屋外で触れ合うために屋外で活動します。長所は身体を使った活動が多いことです。短所は、動物を飼育するのにコストがかかることです。

●動物介在介入のタイプ別分類～④心理療法の補助型

心理療法の補助型は、治療関係や治療過程を促進するために補助的に動物を面接場面に介入させるタイプです。

ボリス・レビンソン（B. Levinson）という、この分野では有名な臨床心理学の専門家の心理療法の補助型の話を紹介しましょう。治療がうまくいっていない子どもが、レビンソンのところにきました。どうしようかと思っていたところ、たまたまレビンソンが飼っているジングルスという犬が偶然に居合わせました。その子どもはその犬を通してレビンソンに心を開いたのです。このことからレビンソンは、犬というのは子どもと信頼関係を結ぶことや、心理療法に役立つのではないかと発表して、ここからアニマルセラピー（動物介在介入）の研究や実践が進んでいったと言われています。

●人と動物の双方に良い影響があること

アニマルセラピー（動物介在介入）をするには人と動物の双方に良い影響があることが求められます。

ミズーリ大学のReCHAIでは、動物介在介入に、アニマルシェルターの犬を使用していました。アニマルシェルターというのはこちらで言う動物愛護センターのことで、捨てられて飼い主がみつからなければ殺されてしまう犬や猫を使って、人にいい影響があり、犬や猫の命も助かるという両者にとって利益のある活動を行っていました。

もう1つ、アメリカのプロジェクトを紹介しましょう。Project POOCHというものです。罪を犯した青年たちが、捨てられて殺されるかもしれないアニマルシェルターの犬を刑務所のなかでトレーニングし直して、新しい飼い主に譲渡する取り組みです。捨てられているということは、もう人間社会では飼えないような、暴れたり、咬みついたりする犬です。罪を犯した青年たち自身はいわば社会からはみ出した、社会から見捨てられた存在ですが、犬たちも見捨てられた存在です。犬は大きな問題行動を持っていますが、トレーニングを通してだんだん行動が修正されて良くなっていく。青年たちも、犬と出会うことで、この犬のように自己コントロールができないから罪を犯してしまったのではないかというように内省が始まります。このように人と犬の双方に良く、青年の再犯率が減る効果のある取り組みが行われています。

私は、アメリカのある青年更生施設の視察に行きましたが、重い罪を犯した少年や青年たちが、アニマルシェルターの捨てられた犬たちのトレーニングをし直していました。彼らは自己コントロールができなくて、誰かを傷つけるという罪を犯したのです。犬たちも初めは言うことを聞いてくれません。でも次第にその犬たちのことがかわいくなってきて、どうにかこの犬をよくして、新しい飼い主である家族をつくってやりたいと思うようになるそうです。トレーナーの人と一緒に犬のトレーニングについて勉強しながら、頑張ってトレーニングをしていました。

ちなみに公益財団法人日本盲導犬協会でも、これをモデルにして、受刑者が刑務所のなかでボランティアのパピーウォーカーをする島根あさひ盲導犬パピープロジェクトを始めました。すでに何年も経っていますが、再犯率を減らすことを目標としてやっています。

もう1つ、ミズーリ大学のReCHAIでは、アニマルシェルターの犬を市民が散歩のボランティアをするWalk a Hound Lose a Poundという活動も行っています。参加者は自分の体重も減っていきますし、健康にもいい。犬たちは、いろいろな人に散歩してもらえるので、人に慣れいい犬になっていき、新しい飼い主にもらわれる率も高まります。このように殺される運命を避けて新しい飼い主に譲渡する取り組みもあります。

人と動物の双方に良い例として最後に挙げるのが、PTSD（心的外傷後ストレス障害）のサポートをする犬の例です。大震災のような心に大きな傷を負うような経験を持った人は、そのことを思い出して怖くなったり、震えたり、パニックになったりします。ReCHAIでの取り組みを紹介します。PTSDを持った兵士経験者のPTSDに対応するために、アニマルシェルターの犬をトレーニングしています。たとえば夜に暗闇が怖くて震えているときに電気をつけてくれるトレーニングや、他者に対して怖さを感じたときに周りをぐるぐる回って、他の人を近づけないようにして落ち着かせてくれるというトレーニングを行い、PTSD症状のサポートができるように犬をトレーニングしています。こうした犬を介在させてPTSDをサポートする試みは日本でも今後いろいろと取り入れることができるのではないかと、いま、考えているところです。

●まとめ

最後に伝えたいことは、人とペットの関係を考える上で、愛着が重要だということです。私はこの十数年、人とペットの関係を研究していましたが、たとえば、嫌々参加している動物介在介入のボランティアとそのペットが、子どもたちや高齢者に良い影響を与えることは難しいです。ペットを介しての社会相互的な作用、セラピストとクライアントの関係性をペットが取り持ってくれることもありますが、人とペットとの間にある良好な関係性や愛情から得られる心地よさが大きな意味を持っているのではないかと思います。また、このペットと人との関係のなかで、とくに動物介在介入では、セラピストやボランティアと動物介在介入を受ける人の信頼関係やペットから得られる無条件の受容、動機付け、安全基地の役割などが動物介在介入を受ける人に良い影響を及ぼすためには基盤として愛着が重要だと考えています。

ペットを飼うこと
地域猫と殺処分をめぐる現状

斉藤朋子

（さいとう　ともこ）mocoどうぶつ病院院長、獣医師、NPO法人ゴールゼロ理事長。北里大学獣医学部卒業。東京都動物愛護推進員。

獣医師の斉藤朋子です。こんにちは。

私は2000年に北里大学獣医学科を卒業して獣医師資格を取り、動物医薬の会社に勤めた後、小動物臨床の世界で勉強し、2009年に私ひとりのmoco どうぶつ病院を開院して、その院長をしています。一般的な獣医師としての仕事とあわせて、東京都動物愛護推進員もしています。東京都が愛護動物のイベントや動物教室の手伝いなどの動物行政ボランティアを募集する制度で、私も登録しています。

moco どうぶつ病院は飼い主のいない猫の不妊去勢手術の専門病院です。大学卒業後に、動物の命を守る獣医師が犬猫に不妊去勢手術を施すことで、殺処分をなくすことができると知って、この病院を開業しました。

この病院は毎日開いているのではなく、週に２回、月８回ぐらいのペースで、１日平均10匹～ 20匹、雄猫にも雌猫にも不妊手術だけをしています。昨日は、19匹の野良猫の不妊手術を行いました。開業してほぼ６年ですが、毎年約1,000件以上、飼い主のいない猫の不妊去勢手術のみを行っています。

1．ペットを飼うこと

「ペットを飼う」というテーマは、人間と一緒に暮らすペットの命について一緒に考えてみてくださいということです。ペットにもいろいろな動物がいますが、今日は犬と猫を中心にお話したいと思います。

私が最初に飼ったのは、保育園の年中さんの時に「この犬が欲しい」といって家族でもらってきた犬でした。

みなさんは、犬が好き、あるいは猫が好きといった好みがありますか？

犬が好きですという犬派の方も多いでしょう。犬には人間のパートナーとして長い歴史があります。犬にはしつけができるし、かわいい。人間の役に立つ盲導犬、聴導犬、警察犬、そして人間の代わりに人命救助をしてくれる災害救助犬もいます。さらに、犬派の人が猫派の人にうらやましがられるのは、一緒に出かけられることです。

猫派の人は、猫は散歩をする必要がない、小さくて、体も大きさもそれほど変わらないので、２～３頭まとめて飼える、鳴かないし、無駄吠えがないといったメリットをよくあげます。いまはペット可のマンションがありますが、ご近所さんが気になるので、犬よりは猫がいい、あるいは経済的負担が犬よりも少ないこともあるようです。

日本で現在、犬や猫がどのぐらい飼われているか、みなさんご存じでしょうか。一般社団法人ペットフード協会が毎年ウェブサイトなどで公表している数はペットフードの売り上げから推計しているのですが、犬は991万7,000頭、猫は987万4,000頭で、合計1,979万1,000頭ぐらい飼われているだろうといわれています（一般社団法人ペットフード協会「平成27年度全国犬猫飼育実態調査」より）。一方、15歳未満の子どもの数は1,617万人です（平成27年度総務省統計局）。つまり、人間の子どもの数より飼われている犬猫の数のほうが圧倒的に多いわけです。本当に人間の子どもの数を上回るペットブームが続いているのです。

なかでも現在は空前の猫ブームです。以前は犬の飼育数が圧倒的に多かったのですが、猫の数が少しずつ上がってきて、いまはほぼ同じぐらいになってきており、そのうち猫が犬の数をしのぐのではないかといわれています。

それにしても、人はなぜペットを飼うのでしょうか？　きっかけや理由は人によって千差万別だと思います。「かわいい」「楽しそう」「癒しになる」という理由があれば、「散歩を一緒にできるから、健康のため」「話し相手が欲しい」「子どもがいないから。子どもの代わりに」ということで飼う人もいます。あるいは「子どもの成長と、その教育のために一緒に飼いたい、一緒に成長させたい」という理由で飼う人もいます。いただけない理由ですが、「自慢のため」「ファッション、アクセサリー感覚」で飼う人もいます。その反対に「捨てられた犬猫がかわいそうで放っておけない」ため、飼いはじめる人もいると思います。

ペットを飼うときの心構えとして、１つの命を預かるという認識はあるでしょうか？　犬と暮らし始めたばかりの小さな私にそんな認識はなかったと思いますが、大人にはこの認識をしっかり持ってもらいたいと思います。

２．犬猫の殺処分問題

一緒に暮らす喜びを与えてくれる存在である犬猫の殺処分のことを、みなさんはご存じですか？　日本では自治体が収容して、年間何万頭という数の犬猫を処分しており、その数は環境省のホームページで発表されています。

環境省では、昭和49年（1974年）から全国の犬猫引き取り数の統計も出しています。最新の統計は平成26年度（2014年）のもので15万1,000頭の犬猫が引き取られています。自治体の窓口に「迷子ですから、引き取ってください」と持ち込まれた犬猫の数です。

図１を見ると、この統計を始めた昭和49年では120万頭もの犬猫が殺

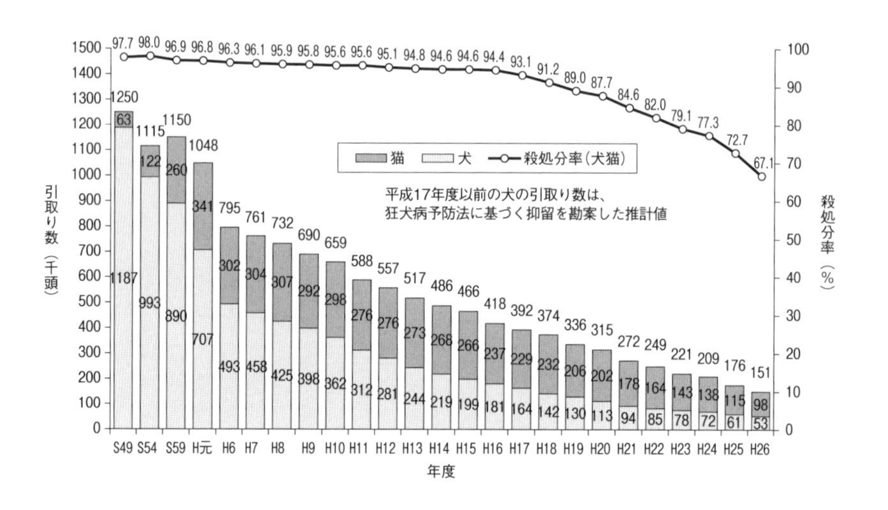

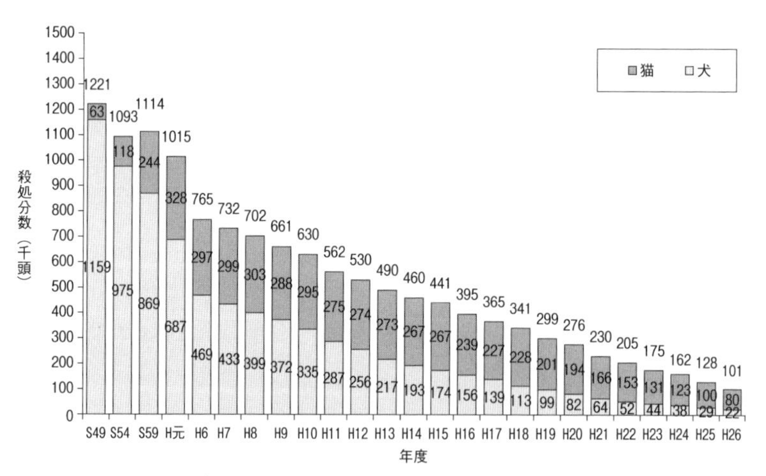

図１　全国の犬猫の引取り数と殺処分数（環境省平成26年度）

されています。現在日本で1,979万1,000頭の犬猫が飼育されている一方で、飼い主不在の動物たちの命が処分されています。平成26年度は10万1,000頭。そのうち犬は２万1,593頭、猫は７万9,745頭です。猫のうち、まだ自力では生きていけないような、小さい乳飲み子の赤ちゃん猫が殺処分された数は４万7,043頭です。

平成26度には15万頭の命が、迷子または不要、あるいは飼い主不明となり、自治体に持ち込まれました。うち５万頭は飼い主のもとに戻されたか、新しい飼い主を見つけるために、施設から引き出され、殺処分を免れました。

残りの10万頭の命は寿命を全うすることなく、この子たちはまだ生きたい、寿命があるのに飼えないので、多額の税金を使い、ガスによって致死処分されています。大きな理由としては「飼育放棄」「売れ残り」「野良猫とその赤ちゃん」が挙げられると思います。

飼育放棄の多くの場合は、飼い主が飼育できませんといって捨てるケースです。飼い主の人間が病気になった、高齢になった、引っ越しして、次の家ではペットが飼えない、しつけができなかった、噛む、ほえる、増えすぎた、思っていた犬と違ったといった理由で、引き取ってくださいと自治体に持ってきます。なかには「家のソファの色と合わないから、いらない」と言う人もいるそうです。びっくりしてしまいます。飼い主の知識・認識不足があると思います。

売れ残りの現象の裏にあるのは命をモノ扱いするビジネス構造があります。みなさんは犬や猫を飼いたくなったら、まずペットショップで買うことを思いつく人も多いと思います。そのペットショップで売られている犬や猫が売れ残っています。全部の犬猫が売れているわけではありません。

商品になる前に処分される子たちもいます。規格よりも大きくなったり、規格の色と違ってしまい、商品にならないということで処分される子たちもいます。商品価値がなくなれば不要となる、命に値段を付け、モノ扱いしているビジネス構造があって、これによって処分された命が10万頭のなかに含まれています。

先ほど、猫の処分数が多いと言いました。いまの猫ブームの反対側にあるのが、野良猫とその赤ちゃんの問題です。野良猫は人間の身勝手で増えた猫たちです。野良猫は自然にいるのだと思っている人がいるかもしれませんが、彼らはもともと飼い猫でした。飼い猫が外を自由に行き来していて野良猫になり、あるいは捨てられて野良猫になり、繁殖してどんどん増えて、いまや社会問題になっています。

●殺処分、どうしたらなくせる？

殺処分はどうしたらなくせるでしょう。猫の殺処分８万頭のうち、その６割にあたる４万7,000頭が赤ちゃん猫です。

まずは飼育放棄をなくすために、飼い主への教育を続けています。飼う前に教育する、あるいは飼った後にもサポートできるような社会をつくっていくことです。

また、ペットショップの売れ残りをなくしたいと思っています。私は、ペットショップという存在自体に反対です。みなさんも命を売買するビジネスに疑問を持ってください。どうしてそういう構造が生まれているのかという社会の構造もしっかり見据えて、これが成り立っている社会はおかしいと思ってもらいたい。おかしいから、ペットショプでは買わない。お金を出して買う人がいるから、こういうビジネスが成り立つわけなので、ペットショップからは買わない人が増えれば、ペットショップもなくなり、売れ残りもなくなり、殺処分もなくなります。

野良猫の数を減らすことも大切です。私自身が野良猫の数を減らすための技術を持っていますから、私個人としては最重要課題です。この後お話ししますが、今ある命一代限りで終わるように、不妊去勢手術をする「地域猫活動」が重要になってきます。

みなさんには飼えなくなった時のことも想像してみてほしいと思います。自分はいま、健康だから、この犬猫を手放さないと思っていますが、未来の自分に何が起きるかは分かりません。東日本大震災の時にも、熊本の地震の時にも、まさか自分が震災に遭うとは思ってない人たちがたくさんいらっしゃいました。震災に遭うこともあるし、事故に遭うこともある。病気にもなります。

そして家族の変化もあります。みなさんはまだ結婚していない方が多いでしょうが、結婚すると、いろいろなことが起こりえます。自分は動物が好きでずっと飼ってきたけれど、パートナーが動物は嫌いだったり、もしくはアレルギーがあったり、生まれた子どもがアレルギーを持っていてペットを飼えなくなるという状況が生まれる可能性はゼロではありません。

もし動物を飼うのであればどんなことができるか、想像してみてください。私はいつも、日ごろからのしつけや飼い方、ケアによって、新しい飼い主が見つかる可能性が残せるのではないかと思っています。その子をどうしても手放さなくてはならなくなった時に、だれか別の人が預かってくれる可能性を自分のペットに残しておくことはとても重要ではないかと思います。

自信があるわけではないのですが、いま、わたしが飼っている犬はとても穏やかないい子で、もしも何かあった時には、きっとだれかが飼ってくれるだろうとは思っています。もちろん最後まで手放さないことが一番ですが、そういう可能性を残しておきながら飼うことが、飼い主になることには必要だと思います。ペットの命を守れるのは飼い主だけなのですから。

3．ペットを守る法律について

ペットを守る法律があります。国もペットの過剰や殺処分問題を深刻に考えています。とはいっても、日本には動物のための法律はありません。すべて人の健康や財産を守るため、人に危害を与えないため、つまり、人を守るための法律なので、直接的に動物を守る法律はありません。

しかし動物愛護管理法という法律はあります。動物愛護管理法には、基本原則としてこう書かれています。

> 動物が命あるものであることにかんがみ、何人も、動物をみだりに殺し、傷つけ、又は苦しめることのないようにするのみでなく、人と動物の共生に配慮しつつ、その習性を考慮して適正に取り扱うようにしなければならない。
> 動物愛護管理法・概要の基本原則（1）には、すべての人が「動物は命あるもの」であることを認識し、みだりに動物を虐待することのないようにするのみでなく、人間と動物が共に生きていける社会を目指し、動物の習性をよく知ったうえで適正に取り扱うよう定めています。（環境省HPよりhttp://www.env.go.jp/nature/dobutsu/aigo/1_law/outline.html）

先ほどまでお話ししたように、動物を飼うことは責任があり、適正に飼育して最後まで飼うことなどあたりまえのことは、ほとんどこの法律に書いてあるのですが、実効性がありません。この法律ができた昭和48年（1973年）には「動物管理法」という名前で、「愛護」の文字は入っていませんでした。当時は、狂犬病の予防などで犬を捕まえて処分する時代で、動物を管理する法律と言われていました。

その後、だんだん動物愛護の意識が高まってきて、平成12年（2000年）に動物愛護管理法と名前が変わりました。未熟な法律がまだまだあり、改正が必要だろうと専門家のなかで議論がなされ、何回か改正を加えてきています。最新では平成25年（2013年）に改正動物愛護管理法が施行されましたが、まだまだ課題が山積しています。それでもいろいろな面で大きな改正でした。

改正動物愛護法が施行されるまでの議論は公開されていて、傍聴することができました。平成25年当時、私は動物病院をやっていたので、法律がどうやって変わっていくか、毎回傍聴に行って、議論の現場を見ていました。なかには全く進歩のない項目もありましたが、でもとても大きな改正になって、動物愛護のために大きく前進したなという法律になったと考えます。

●改正動物愛護管理法

最新の改正では、販売業者への規制強化が始まりました。それまでインターネット販売や深夜営業ペットショップが横行していたのですが、禁止になりました。クリックひとつで子犬が送られてきたけれど、カタログで見た犬とは違っていたなどの理由で、返品・クレームの対象となり、消費者庁にも多く苦情が寄せられるなど、大きな社会問題になり、ペットは対面で現物を見て売りましょうということになりました。私は、本来なら売ること自体を禁止するべきだという立場ですが、いきなり売ってはだめとはできません。

また、あまりに小さい子犬は引き渡してはいけませんという法律になりました。日本人は、かわいい小さなものが好きです。小さければ小さいほど欲しがります。この改正前までは、生後42日齢ぐらいの子たちがペットショップのショーケースに並べられていました。42日というと、生まれて１か月半ぐらいです。まだお母さんのお乳を吸っていたいだろう子たちが母親から引き離されて、ショーケースに並べられていた時代がありました。それを、生後56日までは親から離してペットショップで売ってはいけないと、法律に数字が入りました。これは画期的なことでした。

ペットの遺棄や虐待に対する罰則も強化されました。殺傷した場合は、懲役２年以下、または200万円以下の罰金、虐待と遺棄に対しては、100万円以下の罰金が課されるように引き上げられました。それまでは金額も50万円以下と安かったのです。

しかし、だからと言って遺棄が少なくなるわけではありません。私の病院の隣に猫のシェルターがあるのですが、ここに猫が捨てられることがあります。ある時、たくさんのスーパーの袋に入ったペットフードと一緒に猫が捨てられていました。写真を撮ってお巡りさんを呼んで、「お巡りさん、どうにかしてください」と言っても、「現行犯じゃないので逮捕できません」と言われる。さらに「猫は保管できないので、あなたたちが引き取っていいです。でも一緒に捨てられていたペットフードは、この猫と一緒に捨てられたかどうか分からないので、これだけは遺失物になるため、警察がいったん引き取ります」と言う。この猫を捨てた人が「この猫ちゃんをお願いします」と思って、一緒にペットフードを置いていったのだと思いますが、この餌はやむなくあきらめざるを得ませんでした。猫だけを私たちが引き取ることになり、ひどい話だなと思いました。

こういうことが年に1、2回あるのですが、「犬猫を捨てないで」というポスターなどを貼っていても平気で捨てていく人がいます。許せません。

都道府県等の措置についても改正され、これも大きな前進になりました（改正動物愛護管理法（以下改正動愛法）第35条）。それまでは、「都道府県等（いわゆる地方自治体の動物愛護センターや保健所の窓口）は、犬又は猫の引き取りを、その所有者から求められた時は、これを引き取らなければならない」という条文しかなかったため、だれからでも犬猫を引き取ってくださいと言われたら、地方自治体の動物愛護センターや保健所の窓口は引き取らなければならなかったのです。しかし改正動愛法第35条では「ただし、犬猫等販売業者から引取りを求められた場合その他の第7条第4項の規定の趣旨に照らして引取りを求める相当の事由がないと認められる場合として環境省令で定める場合には、その引取りを拒否することができる」となりました。つまり、悪徳ブリーダーなどが繁殖に使えない余った犬猫をどんどん引き取れと言って来たら、引き取らざるをえなかったのですが、それを断ることができるということです。また、普通の飼い主でも、ただいらなくなったという勝手な理由がある場合には、説得するなどして、引き取りを拒否することができるという文言も入り、地方自治体も殺処分ゼロに向けて大きく前進しました。そういう法律改正です。

私は感動したことをいまもよく覚えているのですが、この35条の続きに、「都道府県知事等は、引取りを行った犬又は猫について、殺処分がなくなることを目指して、所有者がいると推測されるものについてはその所有者を発見し、当該所有者に返還するよう努めるとともに、所有者がいないと推測されるもの、所有者から引取りを求められたもの又は所有者の発見ができないものについてはその飼養を希望する者を募集し、当該希望する者に譲り渡すよう努めるものとする」という条文が入りました。

この「殺処分がなくなることを目指して」という文言が法律のなかに入ったことは、国は殺処分ゼロを目指している、殺処分があってはいけないということです。これはいいことだと思います。

改正では、飼い主に対する責務も明文化されました。第7条は「動物の所有者又は占有者は……その動物をその種類、習性等に応じて……動物の健康及び安全を保持するように努めるとともに、動物が人の生命……に害を加え……迷惑を及ぼすことのないように努めなければならない」とあります。さらに、そのために不妊去勢手術をしなさい、病気については正しい知識を持ってワクチンを接種しなさい、ノミやダニを予防しなさいといった、飼い主のとるべき行動を示しています。また、ペットにマイクロチップなどを入れて、動物の所有者情報を明らかにしてくださいという指導も入っています。

●業者・飼い主のモラルが見直される世のなかへ

いまは、業者や飼い主のモラルが見直される世のなかになってきたと、私は思います。いまだに10万頭が処分されていますが、長い間、飼い主個人やペット業界の自由に任せてきた結果として続いてきた殺処分数は、法律で規制され、罰則が強化されることによって減る方向へ向かっています。

昭和49年は120万頭が処分されていました。殺処分は仕方ないとみんなが思っていたらしいのですが、いまでは10万頭の犠牲まで減らしてくることができた。殺処分ゼロというゴールも見えてきたと思います。

私たちが与えている獣医療も進歩して、不妊去勢手術も安全に当たり前のようにできる時代になりました。昔は「麻酔で死んでしまうから、そんな危険な手術はできません」という時代もあったそうですが、いまでは予防のようにやってもらわなけなければいけない時代になってきました。

動物愛護団体やボランティアもたくさんでき、社会に発信して声を上げている人たちがたくさんいて、行き場のない犬猫を救う人が増えています。日本人の動物愛護やペットを飼う意識ももちろん向上していて、殺処分ゼロはもうすぐ可能ではないかと思っています。

4．地域猫とTNRについて

「地域猫」という言葉を聞いたことがある人は手を挙げてください。少ないですね。私が今日ここに来た意味があります。

殺処分のほとんどが猫です。年間殺処分される犬猫10万頭のうち、８万頭が猫の殺処分です。この８万頭を減らせば10万頭を切ってくるので最重要課題だと私は考えています。さらに、猫の殺処分８万頭のうち約６割が、離乳前の幼齢子猫、野良猫の赤ちゃんです。野良猫の赤ちゃんがお母さんとはぐれてミャーミャー泣いていたら、そこの近所の人がうるさいと言って、拾って自治体に持ち込みます。お母さんとはぐれた野良猫の赤ちゃんは、ミルクなしでは生きていけないので、即日処分となります。新しい飼い主を探している時間が、その子たちにはないのです。

こういう赤ちゃんが生まれないようにすれば、離乳前の幼齢子猫の殺処分が減ります。それには不妊去勢手術をすることです。よく不妊去勢手術のことを「蛇口を閉める作業」と言いますが、水がじゃんじゃんと出ている蛇口をきゅっと閉めると、もう生まれてくる命はありません。この方法しかないのですね。まずは生まれなくすることです。雌猫1匹から一度に4匹の赤ちゃん猫が生まれたと単純計算すると、1万1,750頭の雌猫から4万7,000頭の子猫が生まれることになります。この1万1,750頭の雌猫を手術すれば、4万7,000頭は生まれないわけですね。

私の病院は年間1,000件の手術をしているので、同じような病院が10軒あったら、あっという間に終わる話ですが、単純にはいきません。私の病院で手術する1,000頭のうち雄雌半分ぐらいだからです。それでも同じような病院が20軒あったら、あっという間に終わるという計算になります。それぐらいの勢いで手術をしていけば、猫の殺処分はなくなるのです。

●地域猫とは

野良猫の子猫が生まれる数を減らすのと同時に、地域猫活動という野良猫を減らす作業も必要です。

外で増えてしまった猫すべてを、猫好きで餌をあげてくれる人、いわゆる「餌やりさん」や動物愛護団体に引き取れというのは、現実的に無理な話です。多くの人が「そんなに野良猫が好きなら、持っていけ」と言うのですが、そのエリアや場所から野良猫をなくせば問題がなくなるかというと、けっしてそうではありません。そこに住んでいる住民自身の地域の問題です。猫が増えたことには、その地域に問題があったからだと互いに認識して、猫を殺処分することなく解決していく人道的な方法が「地域猫」という方法です。

「地域猫」の手順は次のようになります。

野良猫が増えている地域で、住民の話し合いの下、それ以上猫が繁殖しないように、不妊去勢手術をして、決められた場所・時間に適正な餌やりで管理を行います。つまり、不妊去勢手術をした後は、人になれていない猫を飼い猫として家の中にいれることはほとんど無理なので、餌やりさんがいた現場に戻します。

そして適正な餌やりで管理を行って、一代限りの命をまっとうしてもらいます。外で暮らす猫の平均寿命は5年と言われていますが、この5年というのは、生まれて間もないうちに死んでしまう赤ちゃん猫から、老齢になって死んでいく猫までの寿命の平均値です。地域猫になった野良猫の寿命はいまや延びていて、10年ぐらいは当たり前で長生きしています。

地域猫活動は、不妊去勢手術をして適正な餌やりを行うことで、野良猫の糞尿の匂いやいたずら被害、発情期の鳴き声といったご近所トラブルを解決できる方法で、2000年頃に横浜市磯子区で始まったと言われています。当時、横浜市の自治体職員でいらした獣医師の黒澤泰先生が「地域で野良猫を管理していきましょう」と提唱したのが始まりだと言われています。黒澤先生は『「地域猫」のすすめ―ノラ猫と上手につきあう方法』(文芸社、2005年)という御本も出版されています。

●TNR(Trap-Neuter-Return)

「地域猫」という言葉を検索すると、TNRという言葉が一緒に出てきます。

TNRは1990年代に欧米で広がり始めた野良猫を扱う手法です。野良猫は人に慣れていないので、Trap(トラップ)、Neuter(ニューター)、Return(リターン)(あるいはリリース)、つまり専用の捕獲器で「捕まえて」「不妊手術を施して」「元の場所に戻す」のですが、それを略してTNRと呼んでいます。アメリカでは1990年代に先行して進められ、論文などにもなって、効果があると言われている手法です。

捕まえて、手術して、元の場所に戻すと、その猫の集団の数に変化がありません。新しい猫がたくさん来たりしませんので、その集団の数を穏やかに守りながら、しかし子猫が生まれないので、猫の数は少しずつ減っていきます。また猫の糞尿の被害や鳴き声なども減っていくことが論文で示されて、徐々に認められてきました。2000年代に入ってからも、TNRは効果があると盛んに言われています。

何年か前に、アメリカのオレゴン州ポートランドにあるFCCOスペイ・ニューター・クリニックというところを見学する機会がありました。スペイ・ニューターのスペイとは雌の避妊手術、ニューターは雄の去勢手術を意味します。欧米では動物愛護団体がたくさんあり、寄付も多く、こうした活動が進んでいます。そのため、クリニックの設備も充実しています。手術室も立派ですし、常勤の獣医さんが3人ぐらいいて、あとは全員ボランティア、全部寄付でまかなっており、1日に100匹から200匹のTNRをしています。

手術の様子も見せていただいたのですが、前処置で毛刈りや消毒をしたら、手術台に並べて、流れ作業で手術していきます。みなさんが大学の在学中に欧米に留学する機会がありましたら、海外のこういう施設を見ていただきたいと思います。ヨーロッパやアメリカ、オーストラリア、ニュージーランドなど、動物愛護の意識が高い国には必ずこういう充実した施設があります。無料のところもあれば、寄付という意味で少しお金を取るところもありますが、機会があれば、ぜひ見に行ってほしいと思います。

●日本のTNR

日本のトラップ（わな）は、猫がちょうど1匹入れるか入れないかぐらいの、鉄の四角い長細い感じの入れ物です。扉が開いていて、その奥

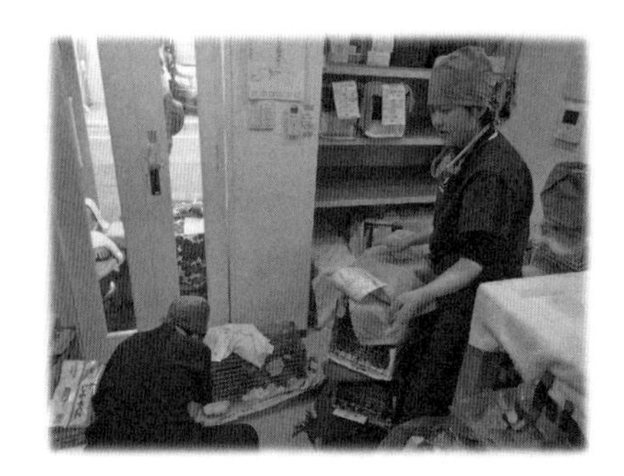
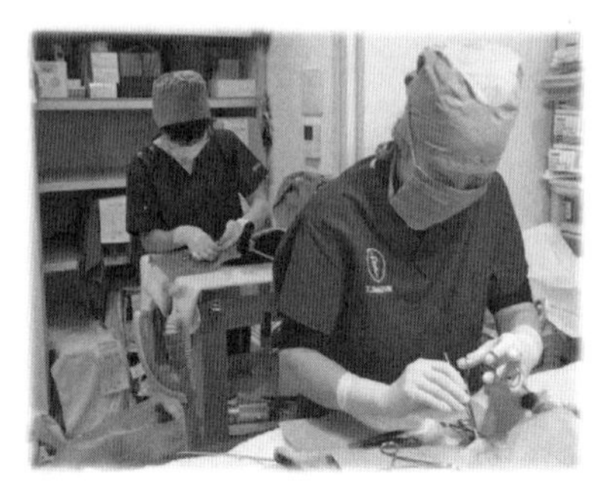

図２　不妊手術

にご飯を入れておきます。そこに猫が入っていくと、内部の踏み板をパシャンと踏むことになる。そうすると扉が閉じて、猫はけがをしないように捕獲されます。野良猫は手で捕まえてケージに入れて持ってくることはできませんので、とても重宝します。

そして、捕獲した野良猫に対してニューター（不妊手術）を施します（図２）。私の病院はすごく狭く、手術が多い日には足の踏み場もなくなり、手術が終わった野良猫を玄関側に出しておかないと、作業ができない日もあります。私の病院は普通の動物病院とは違い一般診療はしませんので、病院全体が猫の不妊手術を行うために設計されています。奥にある棚にはトラップが最大で４個×４段の16個を並べて、入院ケージのようにします。オペ台を２つ使って、効率よく流れ作業みたいな感じでどんどん手術をしていきます。

その後、必ずリターンという作業があります。手術後からこの子たちの生が新しく始まるわけですが、多くの猫は元いた場所に戻して管理します。餌やりの場所や時間を決めて、周辺の清掃などもして、猫が嫌われ者にならないように管理をする人たちもいます。

●耳先カット

不妊手術をした野良猫には、その目印として「耳先カット」をしてい

図3　耳先カット

ます。東京ではTNRがかなり進んでいますので、みなさんが、管理されている野良猫の多い名所などに行くと、片耳にＶ字のカットが入った猫に出会うかもしれません。この耳先カットを「さくら耳」などと言いますが、こういう子がいたら、赤ちゃんは産みませんので安心して、見守ってあげてください。誰かが手術をして管理をしているという目印です。なかには外に戻さずに飼い猫になる猫たちもいます。

私のmocoどうぶつ病院調べとして、2015年の手術数を数えてみました。来院数が1,225頭。そのうち耳先カットの目印がないにもかかわらず、すでに不妊手術済みだった猫の数は55頭（雄20頭、雌35頭）でした。雌が圧倒的に多いです。誰かが手術をしてくれていました。ただ、耳先カットされていないために、私たち獣医師が見て手術がすでに施されているかが分からないのです。

野良猫の場合は、生まれた時から人に触れられずに育つため、抱いたりさわることができないので、麻酔をかけて、毛ぞりをしたうえで、手術経験の有無を確認しなければなりません。その割合が全体の４％です。４％は少ないと思われますか？　その猫本人にとっては100％です。ですから、この４％は小さい数字ではないと思います。その１匹の麻酔にかけられた時間は、私が本当に手術しなければいけない子にかけられたかもしれない時間ですし、この4%はものすごく大きい4%です。

雌に関しては、たいていの場合は毛刈りしておなかに手術の痕があるので分かりますが、まれに傷跡が小さかったり、手術痕が分からないことがあり、おなかを開けて調べなければいけないという最悪のケースになります。猫にもとても大きな負担がかかりますし、すでに手術がされていたことがわかれば私もがっかりしますし、持ってきたボランティアさんもがっかりしますので、耳先カットは重要です。

●全国に広がる地域猫活動

地域猫活動は全国に広がっています。千代田区と国分寺市は猫の殺処分ゼロを達成しています。たとえば、千代田区から持ち込まれた猫は、動物愛護センターに連絡が行って、千代田区から持ち込まれましたと伝えると千代田区に戻されます。すると千代田区のボランティア団体が中心になって、千代田区から持ち込まれた猫は絶対に殺しません、私たちが里親を探します、ということができる時代になってきています。猫の殺処分数は、区や市の単位でいうと、ゼロを達成しているところもあります。

私たち獣医師は大学を卒業してすぐに何かができるわけではありません。また、野良猫手術のノウハウは、やっている先生ごとにしか情報がありません。これまでは一部の獣医師しかやっていませんでしたが、いまは実施する獣医師もどんどん増えています。たとえば、私の病院に研修に来てくれた若い獣医師たちが、「僕もこういう病院をやります」と、新たに開業することもあります。不妊去勢手術で殺処分を減らせるんだと教えると、獣医師もその責任を感じて、活動が広がっていっています。耳先カットもどんどん普及しています。

病院だけでなく、手術は出張で行うこともあります。ちゃぶ台を手術台にして、その前に正座して手術をしたこともありました。あるいは、震災の時に、暖房がないようなところで、白い息を吐きながら手術したこともあります。たとえそのような場所であっても処分される動物を減らすために、活動に携わる獣医師たちがいます。

●地域猫活動と大学

地域猫活動が行われている大学もあり、サークル活動にする大学生の輪も広がっています。私が知っている一番古株では、早稲田大学の「わせねこさん」や、横浜国立大学の「よこねこさん」で、10年ぐらい前に学生さんが声を挙げて、地域のボランティアさんや区のサポートなども合わせてやっています。

最初は、キャンパス内外に住む学生たちが猫に餌をあげ始めるわけですが、学校の構内で野良猫が増え始めて問題になり、地域猫活動が学校のなかで始まっているようです。筑波大学には大きなマンモス寮があるらしいのですが、そこでも野良猫がどんどん増えてしまい、近隣からも苦情が来て、地域の問題になってしまいました。そこでボランティアが入って、「つくにゃん」という名前をつけ、いまは野良猫たちを地域猫として管理しているそうです。

こうした大学の地域猫を検索したところ、名古屋大学の「なごねこさん」、同志社「Do Cat」、立命館の「Rits Cat」など、たくさん出てきます。慶應義塾大学にも「ひよねこ」がありますね。学生がこういう社会の問題に気づいてやれることもあるという、いい例です。

●殺処分問題は私たちの世代で終わらせる

私は「この問題は私たちの世代でもう終わらせます」ということを掲げています。みなさんにも、この問題を知ったら、小さな命を守る行動を取ってもらいたいと思います。目の前の１匹を最後まで責任を持って飼う。飼い主でしたら、そうしてください。目の前の１匹を最後まで責任を持って飼えば、それは十分立派な飼い主の飼い方です。

不要な繁殖をやめ、不妊去勢手術をしてください。かわいい赤ちゃんが見たいという理由だけで増やし、その飼い主を見つけられなかった時にはどうしますか。もし新しい飼い主を見つけたら、自分のペットの赤ちゃんにその機会を与えるのではなく、行き場のない犬や猫に、その飼い主候補の人を紹介してあげてください。同じようにペットショップではなく、行き場を失った犬や猫の新しい飼い主になってみてください。

いま、飼えないなら無理に飼わないというのも、立派な殺処分を終わらせる選択だと思います。自分にできることはほかにないかなと考えてみることもいいと思います。犬や猫のことは後回しと言わずに、殺処分は間違っていると言ってください。本当にむだなことです。社会にとってすごくむだなことをしていると思います。犬猫の問題よりも人間の問題が先だと言う人がよくいますが、どちらが先と言わずに、どちらも同じように大切な命なので、殺処分はなくしましょうとしっかり言ってください。

私はすべての命は等しく尊いと思います。震災に遭った時などには、助ける命の優先順位が付けられることはあるかもしれませんが、命の重さとしてはすべて等しく尊いと思います。

私の病院を見たい方は、いつでも見に来てください。そこは野良猫の匂いもしてくさいですし、うんちもいっぱい付いています。シャーシャーと言う猫ばかりで怖くてかわいくないかもしれませんが、直接体験がすごく大切です。その匂いや温度を感じ取りに来てください。小さな病院ですけれども、随時、病院見学を受け入れています。

みなさんは学生さんなので無理かもしれませんが、ミルクボランティアというのもあります。母猫と離されてしまった生まれて間もない、自力では生きていけない仔猫がたくさんいます。この命をあきらめるのではなく、人間がミルクボランティアとして授乳を助けてあげることで生きられる命があります。みなさんのお父さん、お母さんで、子どもの手が離れて余裕のある方は、ミルクボランティアもやってみてください。

私の病院の隣には地域猫の会のシェルターがあり、第２・第４日曜日に里親会などをしています。犬猫の里親会で検索すればたくさんヒットしますし、こういう出会いの場所は東京都内にも全国にもたくさんあります。いまは飼えないけれど、どんな感じなのかを体験しに行くのでも構いません。どうぞ見に行ってみてください。

Ⅱ
食べるために飼う、実験するために飼う

チョウザメという食文化を作る戦略

平岡　潔

（ひらおか　きよし）株式会社フジキン　ライフサイエンス創造開発事業部特任主査技術士（水産部門）。1967年生まれ。近畿大学大学院農学研究科水産学専攻修士（農学修士）。技術士（水産部門）取得。水産庁次世代型陸上養殖の技術開発事業委員（平成26～28年）。

みなさん、こんにちは。平岡潔です。私は株式会社フジキンという超精密ながれ（流体）制御機器メーカーに勤務しています。

株式会社フジキンのメイン製品は、バルブです。バルブとは、液体や気体などさまざまなものを流したり止めたりする部品です。最大の強みは超精密制御で、半導体製造装置用のガスボックスに組まれるバルブです。非常に細い線で回路パターンがプリントされています。細線は、ナノピッチなので、回路パターンをプリントする装置に組まれるバルブはごみが１個もあってはなりません。たとえば、0.1ミクロンのごみがチップの上に載ったら、線と線をまたいでショートしてしまいます。ですので、そうしたバルブは、１キュービクルフィートのなかに0.1ミクロンのごみが１個以下という工場内の清浄度クラス１のウルトラスーパークリーンルームで製造しています。フジキンでは、ロケット用のバルブも製造しています。そのご縁で、テレビドラマ『下町ロケット』(2015年、TBS系日曜劇場）では私どもの工場が撮影協力いたしました。

ところで、わたしはバルブではなく、新規事業の１つとしてチョウザメの養殖事業に取り組んでいます。

私は水産分野の技術士の資格を取得していますが、これは、弁理士や弁護士といった士業に当たる資格です。医者は医師がありますが、技術者が持てる最高位の資格は技術士です。国家プロジェクトの事業の委員として招聘されたり、技術者として国の仕事に携わったりすることができます。

1．チョウザメという魚

今日は、「捕る漁業」から「創る漁業」である養殖業のなかでも、とくに注目を浴びているチョウザメの養殖についてお話します。

チョウザメという魚はサメの仲間ではありません。名前にサメと付いていますが、チョウザメ目チョウザメ科に分類される独立種で、淡水魚です。外観がサメに似ていること、背中にあるうろこが、チョウチョが羽を広げたような形をしているところから、チョウチョのような羽を持ったサメみたいな魚ということで、チョウザメと名前が付いていますが、サメではないのです（図1）。

淡水魚ですので、川をさかのぼり上流で卵を産んでふ化します。いわゆるサケのような生活史を送るのですが、サケは産み終わると死んでしまうと聞きます。チョウザメは産み終わると、川を下ってカスピ海に戻り、もうひと周り大きくなって、また川を上って卵を産みます。それを一生のうちに何度も繰り返します。ウミガメのような性質を持っています。

チョウザメは、じつは古代魚です。約3億年前のペルム期から存在するシーラカンスと同世代の古代魚です。3億年間生き抜いてきているのですから、驚きです。

平均寿命は人間と同じで70～80年あり、死ぬまで成長し続ける魚です。ボルガ川で捕獲されたチョウザメの最高捕獲記録は、体重が1.5トン、体長が5メートル、年齢査定150歳でした。とはいえ、これがいま

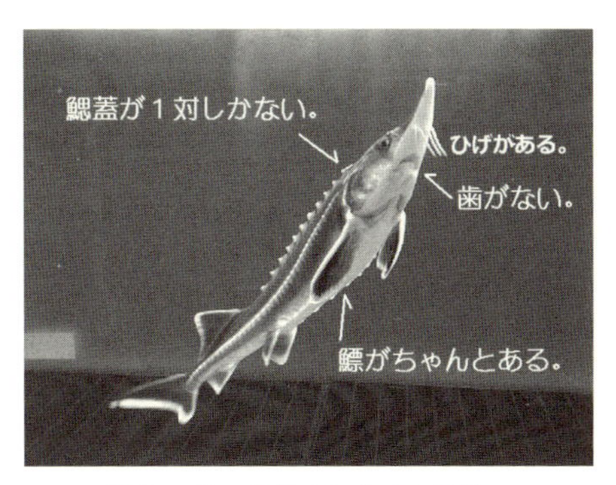

図１　チョウザメとサメとの違い

図２　カナダの川で釣り上げられたシロチョウザメ
（出典：https://www.sportquestholidays.com/sturgeon-canada-fishing-report-2015-season/）

までの最高レコードであるだけで、カスピ海にはもっと大きいチョウザメがいるかもしれません。

●なぜチョウザメ養殖が必要か？

チョウザメといえば、キャビアです。高級食材を提供するロシアの魚で、北半球の北回帰線より北に、全世界の90％がカスピ海水系に生息しています。ところが、ボルガ川でダムの建設が行われ、環境汚染が始まり、この魚は水質の変化に弱く、急激に減ってしまいました。1990年代からの10年間ほどで、チョウザメの約80％が絶滅しています。

一方、ペレストロイカでソビエト連邦が崩壊したときに、ロシアの漁業者たちが一斉に解雇されて職を失い、それを救ったのが密漁グループです。密漁グループがキャビアでぼろ儲けするために、職を失ったチョウザメの漁師やチョウザメの加工屋を雇い、アンダーグラウンドのキャビアを作り始めました。

魚が少なくなった上に密漁も盛んになり、チョウザメは全世界から消えようとする絶滅危惧種になってしまい、ワシントン条約の絶滅規制対象魚種にリストアップされました。つまり、ワシントン条約は絶滅のおそれがある動物の国際商取引に関する条約なので、チョウザメの輸出入は一気に制限されてしまいました。

それを見て「獲る漁業」から「創る漁業」に転換しなければいけないと考えた欧米諸国の養殖業者たちがいます。養殖の技術革新を進めていき、いまではチョウザメの養殖量は増えています。

2．チョウザメ養殖のビジネスプラン

絶滅しそうな食材であっても、養殖によってその食材は保たれます。

私どもも1987年からこの事業をスタートし、その当時導入したチョウザメが1992年に大人になり、民間企業として日本で初めて「人工ふ化」に成功しました。そのつくば産第１号の赤ちゃんを一生懸命育ててデータを取ったところ、1998年につくば産第一号が卵を持ちました。近大のマグロでも有名ですが、世界で初めて「チョウザメの水槽での完全養殖」にもフジキンは成功しています。さらに、全国に養殖を広めていきまして、2002年には「国産キャビアを初出荷」しました。

赤ちゃんをつくる技術は非常に難しく、国内の民間企業では私どもフジキンだけが成功し、その技術は特許にも載せず、秘伝の製法としています。新聞やテレビなどで時々「ご当地キャビアが～」と報道されてい

ると思いますが、そのほとんどは私どもフジキンがつくったチョウザメの赤ちゃんを買って養殖をしているお客様で、私どもフジキンが種元です。

チョウザメ養殖の流れをご紹介しましょう。チョウザメは、ふ化してから2か月で10センチぐらいになり、そのぐらいの稚魚を養殖業者に出荷しています。このまま黙って3年間飼って、雄雌を分けます。雄と分かったら、雄は卵を持ちませんので、早い段階で食肉の寿司ネタなどの食材として出荷します。雌だと分かった魚には、その時点でマイクロチップを入れて、さらに4年ぐらい飼育します。卵がおなかにできるまで、7～8年間じっくり飼い続けるリードタイムが長い商品です。

●チョウザメ養殖のメリット・デメリット

チョウザメを養殖するメリットは、成長速度が速いことです。現在いろいろな大学と研究中ですが、チョウザメは病気にほとんどかからないので、抗生物質などを入れて飼育する必要がありません。しかもキャビアが採れるという高付加価値商品です。

デメリットは、魚が大きくなるので大きな池が必要です。またチョウザメという名前がまだ一般の方に知られてないので、「サメ肉は食べない」と言われることもあります。これには広報宣伝をして、定着させていく努力が必要です。また魚の生活史が長いため、長い期間、飼わなければいけません。「1年飼って出荷する」ということはあまりできないので、チョウザメ単独で事業をすると資金が尽きてしまいます。

では、どうやってビジネスにしていくか。

農林水産省の「漁業・養殖業生産統計」および「漁業生産額」の統計を見ると、たとえばサケは1万3,000トン、アユは5,000トンほど水揚げされて流通していますが、チョウザメは数十トンしか国内では流通していません。キャビアに換算すると、数百キロの流通でしかありません。みなさんのお口に届くにはほど遠いのです。

水産庁の水産白書を見ても、チョウザメという名前はまだ出てきていません。私どもフジキンでは市場をつくっていくために、チョウザメを「さかな」、「肉」、「キャビア」の３つの点から日本の食材として定着させていこうという戦略を立てています。

まず「さかな」としては、国内生産量を増やして売る魚にするために、養殖事業者を増やしていかなければなりません。たとえば10センチほどになったチョウザメの稚魚の全国の養殖事業者さんへの販売事業です。

「肉」については、食材として消費者に知っていただくために、料理の開発や肉に含まれる機能性などの研究をして、ホテルやレストランなどの飲食店にお知らせしていく。

「キャビア」は特殊な商材で、国産のキャビアはここ数年出まわりはじめたばかりです。キャビアは輸入されてくるもの、日本の特産品ではないというイメージが定着しているので、いやそうではないのだ、日本の特産品なのだ、として広めていく。

そうした地道な努力を続けています。

３．「さかな」のビジネスプラン

養殖、つまり飼う技術は、経済学や商学における価格の問題に直結すると思います。販売戦略です。

日本全国でチョウザメを養殖している養殖事業者は、少しずつ増えてきました。2015年には、地理的に近い養殖事業者同士がタッグを組んで、「ご当地キャビア」を作り始めました。そして、行政がこの試みに乗ってふるさと納税の返礼品に使ったり、町おこしとして予算を付けて観光アピールして、経済効果を狙うようになってきました。「ふるさと納税キャビア」はいま大人気です。

チョウザメを私どものような企業がただ広げるのではなく、養殖事業者のようなお客様、もしくは行政やメディアも協力して、点で養殖している方を線でつなぎ、それを地域に広げて面にしていくと動くお金も大きくなります。また、生産量もその地域で大きくなってくるので、販売もしやすくなる。

一方で、やはり長い間時間をかけて成魚になるまで育てなければ、キャビアはできません。私どもは大学の先生方と、チョウザメを早く大人にする研究をしたのですが、残念ながら大人になるまでの年齢を６～７年から４～５年にすることはどうしてもできませんでした。その結果、大人になるのを早めることは神の領域だと判断して、早く大人にする研究を一度はやめ、別の手段を模索し始めました。

●農業との複合養殖の試み

チョウザメの場合、飼うのはそれほど簡単ではありません。ご家庭で金魚を飼っている場合には、魚の数が少ないので、餌もパラパラと入れるぐらいの少量しかやりませんし、糞も少しですから、たまに水を交換すれば、結構長生きします。しかし、養殖魚の場合は、高密度で養殖飼育しますので大変です。受講生300人に１つの狭い教室で一緒に授業を受けなさいと言っているようなもので、その無理を可能にする飼い方をしていかなければいけません。

私どもフジキンのつくば市にある養殖場は1,000㎡の建物のなかにあります。外から水を入れず、水槽とろ過槽とポンプで、飼育水をバクテリアで分解させて浄化しながら魚を飼育する「完全閉鎖循環ろ過」という設備です。国内での閉鎖循環ではトップクラスの大きさで、総量で約800トンあります。

この設備でいかに効率よく育てるか。この循環ろ過では水をきれいにしてはくれるのですが、魚を増やせば、餌もたくさんやらなければいけません。餌から有機物なども溶け出し、糞もたくさんしますので、それを処理しなければいけませんが、限度があります。

処理をすると、アンモニアはバクテリアで硝酸まで分解されます。硝酸は酸のなかでも生物に対する毒性は小さいので、ある程度の濃度になってもいいのですが、成長にはよくありません。そこで私どもは、水交換という形で水を抜いて、物理的に排除していますが、いずれは窒素を使って水を浄化できないかと考えています。

どういうことかというと、魚の糞は硝酸態窒素になります。また魚は息をしますので、水中に二酸化炭素がどんどん蓄積していきます。その硝酸態窒素と二酸化炭素を多く含んだ水を水耕栽培に使うと、硝酸態窒素は液肥なので、レタスなどはよく吸収して育ちますし、二酸化炭素は光合成に使われて酸素に交換してくれます。そしてその水をまた水槽に戻すと、それぞれ足りないものを補い合うことができます。いわゆる生態系をここでつくるのです。こうした水質浄化手段の研究も進めています。

●Aquaponics（アクアポニックス）

いま魚と野菜を一緒に「飼う」Aquaponics（アクアポニックス）の実験をしています。

チョウザメの水槽の上に水耕栽培のベッドを置き、トマトやレタスなどを植えて収穫します。私どもではまだ販売できないので、社内で食べて評価しています。

一般の水耕栽培もしくは畑の場合は、農薬をまいて、植物や水栽を管理します。でも私どもフジキンは魚を育てているので、農薬を入れると魚が死んでしまうので使えません。つまりオーガニック野菜ができる。魚も水替え頻度が低下するため、水道代やポンプ代などが削減できます。こういうウィン・ウィンな関係の事業です。

●マイクロナノバブル

また、どのように魚を大きくするかに思考を変えて、別の技術も開発中です。これはマイクロナノバブルというものです。

マイクロナノバブルとは、泡の直径がマイクロ、もしくはナノの径の泡のことです。普通、水のなかに泡ができると、水面に浮いてきてはじけますが、マイクロナノバブルは泡が非常に小さいので、浮きたくても水の抵抗で浮き上がれず、水中に滞留します。滞留している間に、泡の酸素やガスが水に吸収されて小さくなってきて、最後にはなくなってしまいます。その過程で、数ナノメートルの直径の泡がビーズのような形で水にとどまるものもあります。この泡が影響して、チョウザメの成長をはじめとした効果が見られます。マイクロナノバブルを使った池では、チョウザメの成長速度が速くなったり、バクテリアの活性がよくなったりする結果が出てきました。

マイクロミリバブルは白い泡のように見えますが、ナノバブルになると、もう目には見えません。マイクロナノバブルがたくさんできている水槽にレーザーポインターを当てると、1本の緑の線が見えますが、これはナノの径の泡がレーザーを乱反射させるからです。その状態にすると、殺菌能力があり、洗浄能力があり、魚が大きくなります。

また、マイクロナノバブルには環境を浄化する能力もあります。ヘドロがたくさんあるような湾や池にマイクロナノバブルを吹き込むと、ヘドロの間に空気が入ります。ヘドロは、酸素の少ないところにばい菌が黒いものを作って臭いにおいを出しますが、酸素がたくさんあると住めなくなり、結果的に湾や池がきれいになるのです。

4.「肉」のビジネスプラン

品質を極めるため、あるいはうまみ成分や栄養価を高めるためのチョウザメ養殖の最新の技術もあります。そこが、漁業とは違うところです。

毎日餌をやる池にいるチョウザメは、レストランから注文を受けると餌をやらない水槽に放り込み、1週間絶食させ、それまでに食べたものを糞として全部出させる。その特別な水槽を「出荷前水槽」といいます。

この方法で出荷すると、お客さんにとてもおいしいと言われるのですが、じつは最初からこうだったのではありません。初めてホテルから注文をいただいた時には、うれしくて「分かりました」と、すぐにチョウザメを池からお客さんのもとに送っていたのです。「どうですか？」と電話で尋ねると「こんな臭いのは提供できない」と言われました。「どのように臭いのでしょう？」と伺うと、「水臭い、餌臭い」と言われたのです。こう指摘していただいて、本当にありがたかった。

そのにおいを消すために出荷前水槽（チョウザメが生息するカスピ海と同じ塩分濃度の１％の塩水の水槽）を作り、１週間絶食させた魚を別のホテルに持っていくと「チョウザメというのは、なんてにおいが少なくて、上品な白身魚でしょう」と言っていただきました。

どうしておいしくなったかの裏付けをしてみたくなり、東京海洋大学と共同で再現実験をしました。

試験区１：飼育水・餌止め無し（無処理区）
試験区２：飼育水・１週間餌止め（淡水餌止区）
試験区３：１％塩水・１週間餌止め（塩水餌止区）
（各区１尾×３反復）

餌止めなしというのは、池からすくってすぐに三枚に下ろしたものです。試験区２の魚は、１週間飼育水のなかで餌を止めて、内臓だけきれいにしたもの。３番目は、出荷前水槽で１週間餌止めしました。

これらのチョウザメをお刺身にして、学生に食べてもらい、アンケート用紙を配って試食の官能検査をし、残った肉で食肉の肉質分析をしました。

その結果はホテルの料理長さんがおっしゃった通り、１週間塩水で絶食させた魚が一番おいしいという結果が出たのです。背中の肉、おなかの肉とも、しょう油をつけてもつけなくても、塩水で餌止めした試験区３のチョウザメがおいしいというアンケート結果が出ました。

再現実験をした東京海洋大学の学生が食べたから、うまかったのではないか？　とも考えられるので、裏付けの分析もしてみました。すると「味の素」の成分であり、うまみ成分であるグルタミン酸が塩水で１週間餌止めしたら高くなっていた。だから、うまくなっていた。また餌を止めるか止めないかで、疲れた体を癒すための成分タウリンも高くなる。さらにぼけ防止につながる抗酸化成分カルノシンが、塩で餌止めしたら高くなっています。

アンケートの結果とデータの結果が見事にマッチして、裏付けができた。

チョウザメだけの話だといわれないよう、ほかの魚との比較実験もしました。うまみ成分のグルタミン酸は、青ものといわれるイワシやアジ、サバよりも高く、疲れを癒す成分の１つであるアスパラギン酸も高くなっています。ほかの白身魚などよりも栄養価が高いことが証明されましたので、2014年の神奈川歯科大学の学会で発表いたしました。

●さまざまに役立つチョウザメ

肉やキャビアだけではなく、チョウザメはいろいろと役に立ちます。

たとえば、皮は高純度な化粧品原料として引き合いもあるマリンコラーゲンです。さらに骨にはコンドロイチン硫酸も多く含まれています。

目から細胞を取って、cell-line という病気の研究でよく使う株化細胞を作って培養していると、その培養液がべとべとになりました。スポイトで扱うと、ちゅるちゅると鼻水のようなものが出てきたので調べてみると、ヒアルロン酸でした。これも製法が確立すれば、チョウザメ、キャビア由来のヒアルロン酸として化粧品に使えるようになるかもしれません。

またチョウチョの形をしたうろこは、江戸中期、刀のさやに装飾品として使われています。私どもがチョウザメの養殖に成功したと新聞で発表した時に、最初に注文をくれたのは刀職人でした。一番大きなうろこをくださいといわれたのですが、一番大きなチョウザメは、赤ちゃんをつくるための大事なお母さんなので売れません、と断って最初の商談は失敗しました。

浮袋も使えます。チョウザメはサメではありませんので、浮袋があります。浮袋の成分には膠（にかわ）があり、タンパク質です。この膠は接着成分が高く、美術品の修復剤に使われます。油絵を描く時には顔料を何かに溶いて描きますが、溶く材料として、このチョウザメの浮袋からつくった膠が最高級であると、ロシアエルミタージュ美術館の報告があり、東京芸術大学と一緒にジャパンオリジナルの膠を作ろうとしています。

音楽にも無縁ではありません。バイオリンは横の板と上の板と下の板をくっつけてできていますが、瞬間接着剤でつけてしまうと、取れなくなってしまい、調整ができません。ところが、チョウザメの浮袋から作った膠で接着すると調整ができる。暖炉で温めるとはずれるので、なかをメンテナンスし、またそれを合わせて冷やすとくっついて離れない。可塑性という特徴を強く持っている成分で重宝されています。

5.「キャビア」のビジネスプラン

お金が最も動くキャビアについてお話します。

フジキンではキャビアを瓶詰めに加工して販売していません。あえて子持ちチョウザメをそのままホテルへ持っていき、子持ちチョウザメの活魚という形で販売しています。キャビアの原料です。

ホテルの厨房で開腹し、料理長が筋子をほぐし、岩塩だけで味付けをする本物のフレッシュキャビアです。キャビアは塩しか入れません。みなさんのなかには、すでにキャビアを食べたことのある方もいらっしゃるかもしれませんが、輸入されたキャビアだけをスプーンで食べたら、しょっぱくて食べられません。ところが、卵入りチョウザメの場合、原料から作りますから、しょっぱくない。料理長が眼前で塩を入れるため、とても薄塩のキャビアができます。

ぜひ、このフレッシュキャビアを扱っているレストランに行って食べてみてください。キャビアの本当の食べ方は、スプーンですくって口のなかに含み、脂っこく、しょっぱくなった口のなかをウオッカやシャンパン、もしくはきれのある日本酒で流し落とす。これがキャビアの食べ方です。

フレッシュキャビアは、口のなかに入れると、つぶつぶ感はありません。体温でさっと溶けて、口のなかに広がります。もしテレビなどでキャビアを食べるレポートをする人が「ぷちぷちしていておいしい」と言ったとしたら、偽物を食べていると思ってください。もしくはフレッシュキャビアのことを知らずに、イメージで言っているのだと思ってください。フレッシュキャビアにはぷちぷち感はありません。

なぜチョウザメを育てているのに、瓶詰めキャビアを作らないのか。それは輸入ものとの価格競争に巻き込まれたくないため、消費者となるレストランやホテルの料理長の指示をあおぎ、国産はいいという意識を持ってもらうためです。

もう１つは、直送するためです。育てている私が届けているので、産地偽装は起こりません。また、料理長が塩しか入れないのを自分で知っているので、安全で無添加です。そういう市場流通を構築しているので、高価格設定しても、消費者となるレストランやホテルの料理長に支持され、養殖業者としては利益率が高くなり、なおかつ国際貢献になります。天然資源を侵しません。

チョウザメにはマイクロチップを入れて管理しているため、トレーサビリティーがあります。チョウザメ内のマイクロチップをタグリーダーで読むと、11けたの番号が出てきます。その魚は何年何月に生まれて、そのお父さんとお母さんは番号で言うと533番と4222番の雄と雌で掛け合わせた子どもですと、生産年をひもとくことができます。そういう技術を持ち、そこまでするのは日本人しかいません。これを続けていき、海外に打って出ようと考えています。

6．水産業の「飼う」

水産業の「飼う」は、ただ単に魚にえさをやっているだけの仕事ではありません。

健康でおいしい魚を育てるためにはすべきことがたくさんあります。

水質を究めるための飼い方、そして味（品質）を究めるための飼い方、キャビアなどのような付加価値を究めるための飼い方です。

同じ池でたくさんのチョウザメを飼っていますが、マイクロチップで管理をすれば、個体管理ができる飼い方がある。

そして、産業では生産物の出口が最も重要ですが、市場を究めるための飼い方です。肉質の分析をして栄養価が高く高級魚に近い肉質と分かりましたので、ターゲットはスーパーか？　高級ホテルか？　と考えた飼い方です。

これらをまとめて行っていくことが、「水産養殖業」です。

国際競争のなかでの日本の養豚生産の現状と諸問題

纐纈雄三

（こうけつ　ゆうぞう）明治大学農学部農学科教授。1952年生まれ。米国ミネソタ大学大学院（Ph.D.)。専門は、応用獣医学、動物繁殖学。著作に、『ブタの科学』（朝倉書店、2013年)、『日本農業技術体系34. 養豚経営におけるベンチマーキング』（農文協、2015年）などがある。

明治大学農学部の纐纈雄三です。私は帯広畜産大学獣医学科卒業後、大阪府立大学獣医学科で修士号を取りました。米国ミネソタ大学獣医学部に留学してPh.D.（博士号）を取った後、ミネソタ大学で教え11年が経ち、このままアメリカに骨を埋めることになるかもしれないと思っていたのですが、明治大学から声がかかって帰国し、17年が経ちました。ミネソタ州はアメリカの穀物生産・畜産の盛んな農業州でもあり、アメリカの畜産の研究や産業界の動向を知るにはとてもいい場所です。

1．役に立つ動物農業（畜産・養豚）

●世界と日本の養豚業

養豚産業はグローバルな産業です。世界では9億頭の豚が飼われています。アジアでは60％が飼育されています（図1）。さらにヨーロッパで20％、南北アメリカ大陸で17％が飼育されています。とくに約50％が中国で飼われており、中国が世界第一の豚の生産国です。2番目がEU27ヵ国、3番目がアメリカで10％ぐらい、続いてブラジルが3％となっています。日本は世界の豚飼養頭数の約1％です（図2）。中国以外ではアジアでは

地域	飼養頭数（百万頭）	割合%
世界	966	
アジア	583	60.4
北アメリカ	101	10.5
南アメリカ	58	6.0
ヨーロッパ	189	19.6
アフリカ	30	3.1
オセアニア	5	0.5

図1　世界のブタ総飼養頭数（百万頭）の地域別国別の割合
（総務省統計局、2010年、www.stat.go.jp/data/sekai/04.htm）

ランク	国名	割合%
1	中国	49.7
2	EU	21.2
3	米国	10.1
4	ブラジル	3.2
5	ロシア	2.4
6	ベトナム	2.2
7	カナダ	1.7
8	フイリピン	1.2
9	メキシコ	1.2
10	日本	1.1
10	韓国	1.1

図2　世界のポーク生産量（と体換算、110,321,000トン）の国別の割合
（米国*National Pork Board (NPB)). 2014. Quick Facts: The Pork Industry at a Glance. Pork Checkoff.* Accessed 2016.06.14.）

ベトナム、南米ではブラジルの飼育頭数が多くなってきています。

豚の貿易量ランキングを見ると（図3）、輸入で圧倒的に多いのが日本です。さらに日本は、世界でもっとも高く豚肉が売れている国です。次に、ロシア、中国、韓国、アメリカと続きます。アメリカは豚肉をたくさん生産し、輸出のナンバーワンですが、輸入もたくさんしています。なおロシアはクリミア紛争の影響でポークの輸入が現在は激減しました。

アメリカの養豚生産は30年ぐらい前まで大きくありませんでした。この20年ほどで、アメリカ式大型農場の国際競争力のある生産システムが

世界全体	輸出		輸入	
量（と体換算）	7,208,000 t		6,685,000 t	
ランク	国名	割合％	国名	割合％
1	EU	33.1	日本	19.0
2	米国	31.1	中国	15.4
3	カナダ	17.1	メキシコ	14.7
4	ブラジル	8.7	韓国	9.0
5	中国	3.2	香港	5.9
6	チリ	2.5	米国	7.5
7	メキシコ	1.8	ロシア	6.1
8	ベトナム	0.6	オーストラリア	3.3
9	オーストラリア	0.5	カナダ	3.2
10	セルビア	0.3	フィリピン	2.6

図３　世界貿易上のポーク輸出入の主な国の割合（2015年）
（Foreign Agricultural Service/USDA. http://apps.fas.usda.gov/psdonline/circulars/livestock_poultry.pdf）

作られ、いまではアメリカが貿易輸出国の第１位となっています。

一方、日本では1980年から現在まで生産者の養豚農場が減少しています。私がアメリカに渡った1989年当時には、６万戸ありましたが、2000年に帰国した時には１万2,000戸、現在は5,000戸です。ただし総飼養頭数は減少していません。つまり、農場の大型化が進み、それに伴い専門化が進んでいます。養豚、養鶏、養牛においても同様ですが、動物生産ではグローバルな技術変化が起こっています。ですから、廃業する農家もあるのですが、意欲のある生産者にとってはやりがいのある産業で、彼らの飼養頭数はどんどん伸びています（図４）。こういった状態を英語で「Democratic capitalism（民主的競争）」といいます。分かりやすく言うと、競争にさらされないと堕落するし、強くなければ生きられない、養豚は厳しい競争の世界にあります。

●国内養豚の存在意義

国内養豚の存在意義とは何なのでしょうか。まだ小規模経営の多い日本養豚は生産コストも高い。果たして日本の養豚が存在する意義がある

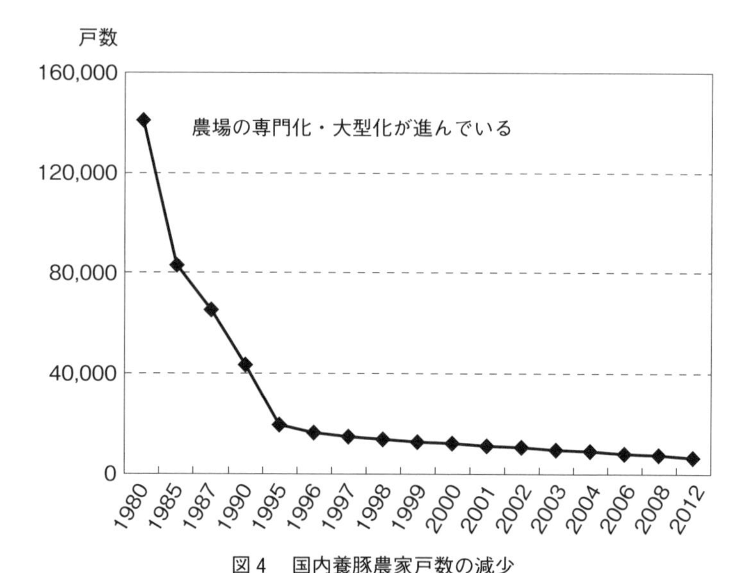

図４　国内養豚農家戸数の減少

（農林水産省生産局畜産部、2014、養豚農業を巡る現状と課題、http://www.maff.go.jp/j/study/yoton_nougyo/01/pdf/data5.pdf　Accessed 2016.06.14）

のでしょうか。豚肉は欧米など海外から買ったらいいと言う人もいます。

その理由を７つ用意しました。まず日本の場合、動物タンパク質の供給源として大きいのが豚肉です。日本で生産していた方が、動物タンパク質が安定確保できて安心です。

２番目に、米ぬか、麦のふすま、大豆かすといった食品の副産物が使えます。例えば、大豆には18％程度の油分が含まれているので、それを絞ると大豆油ができます。油を絞った残りが大豆かすで、この大豆かすは家畜にとってタンパク源としてとても優れているので、これを養豚で使っています。チーズホエイというチーズの副産物も豚の飼料になります。チーズホエイで育てられた豚は「ホエイ豚」と言います。さらに飼料米を使うことで、国内の米作農家にも貢献できます。

３つ目が、廃棄されるような食品の利用です。工場で作られた、パンくずや菓子くずなどは豚の飼料になります。さらに廃棄されるような物を利用できるので、食品リサイクルにも使えます。たとえば、消費期限が近づいた牛乳を乳酸発酵させ、ヨーグルトにしてしまえば、豚の良質な飼料になります。また皆さんが食べるサンドイッチには、パンの耳はついていません。パン工場で切り落とされたパンの耳やパンくずは、栄養素でいう炭水化物ですから、立派な豚の飼料になります。古米も利用できます。

また、4つ目として豚の糞と尿から作る堆肥をうまく使えれば、日本で使う約7％の化学肥料分ができます。5つ目が、「今日はアメリカの豚でもいいけれども、明日は国産のブランド豚も食べてみたいな」という消費者のために、そうしたオプションを提供できます。

6つ目が、少し大げさですが5,000軒の養豚農場とその周辺産業（飼料、薬品、食肉）で25万人分ぐらいの雇用があり、地方に雇用と現金収入をもたらすことができます。例えば、20年ぐらい前には、地方ではたばこの原料となるたばこの葉の生産が盛んでした。いま、たばこを吸う人がどんどん少なくなっています。すると、たばこ産業が衰退し、たばこを作っていた農家もなくなっていきます。そこに大きな畜産農場ができると、ここでの雇用で現金収入が上がってきます。

最後に、7つ目として、どこの国でも農業動物、豚や牛や鶏や山羊・羊というのは、人々のエンジョイメントつまり楽しみになります。例えば豚の主要生産地である群馬県の前橋市は、豚で町おこしをしています。さらに動物を飼育しその生と死を見せるということで、教育的役割を果たしている動物教育ファームにもできます。インターンシップなどで動物農場に行ってみることをお勧めします。動物を世話するのは楽しいことです。

2．豚の繁殖と肥育

生産農場では豚は生まれる前から、そのコースが決まっています。豚のライフは肉豚コースと種豚（母豚と雄豚）コースに分かれます。この母豚にはこの雄豚を種付けすると決まった時から、もうすでに肉豚コースか種豚コースかが決まっているのです。

種豚（母豚と雄豚あり）のうち母豚コースは、子豚期、育成期、繁殖期とたどり、だいたい３年から５年で「淘汰」されます。淘汰というのは食肉工場に出荷されて、お肉になることです。体重200kg の母豚の繁殖生産能力が落ちてくると、飼料代などのコストを考慮して経済的に飼養できない、と判断して出荷してしまうことを淘汰と言います。家畜の生産能力には農家の生活がかかっています。どちらのコースを行っても、最後はみなさんの胃のなかに入って、消化されてみなさんの身体を作ります。

母豚は、平均で約1,000日の「寿命」です。人間は平均60～70年生きますが、母豚の場合は３～５年です。動物園で飼えば10～15年ぐらい生きるかもしれませんが、農家にとっては財産であり経済動物であるので、３年から５年で淘汰されていきます。

●遺伝と交雑豚

「三元豚、おいしいですよ」というレストランの宣伝を見かけることがありますが、日本中のほとんどの豚は三元豚です。三元豚というのは、三種類の品種の豚を掛け合わせた一代雑種の交雑豚のことです（図５）。図５の例では、大ヨークシャー（別名・ラージホワイト＝ W）とランドレース（L）という２品種の純粋種を掛け合わせた豚が、農業用語でＦ１母豚またはLW 母豚と言い、お母さん豚になります。なぜ掛け合わせるかと言うと、それぞれの種には、よさと欠点があります。面白いことに、違った純粋種を掛けあわせると、生物学でいう「雑種強勢」（Hybrid Vigor）が起こります。２品種の純粋種を掛けると、純粋種よ

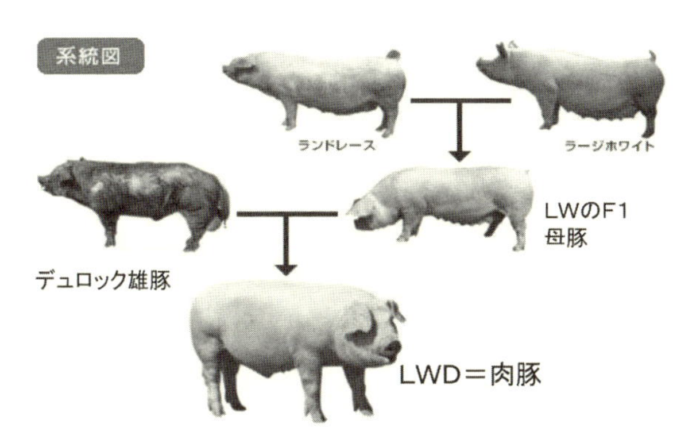

図５　三元交雑豚生産のしくみ（グローバルピッグファーム社のHPから纐纈が改変）

りたくさん子供が生まれて、お乳がたくさん出て丈夫なお母さん豚の候補若雌豚ができます。

また、デュロック種（別名・赤豚）という品種があります。これは成長が早く筋肉量が多い豚です。先ほどお話しした品種改良された母豚に、このデュロック種の雄豚を掛けると、生まれてくる子豚は、早く成長し筋肉が多くなるように育種改良されています。これを三元交雑と言います。英語では３-way crossと呼ばれています。

三元交雑がいいのは、母豚には繁殖性の良いもの、雄豚には成長が早いものを用意してそれぞれの良いところを活かせることです。とくに雄豚の特徴である筋肉が早く大きくなる、早く成長するという特徴は遺伝率が高いので、筋肉が早く大きくなるという遺伝はよく伝わります。ですから、早く成長する肉豚ができるのです。

●交配

雌豚の初交配は約８か月（240日齢）ですが、それより前、６か月で性成熟となります。初めての排卵を性成熟と言います。そして身体ができてくるまで少し待ち240日齢くらいで、初めての交配をします。なお豚の場合、発情は季節に関係なく21日周期で回ってきます。そして、約

３日の発情期間中に人工授精を２回か３回して妊娠させます。

交配方法は、自然交配と、授精カテーテルと希釈精液を使った人工授精です。人工授精の使用割合はヨーロッパではほぼ100％、アメリカでは90％なのに対し、日本では50％ぐらいと遅れています。人工授精がよいのは、生産コストが削減できることと育種改良が早いという点です。まず自然交配の場合、15頭ぐらいの母豚に１頭の雄豚を用意する必要があります。ところが、人工授精なら、精液を採取して希釈することで、１頭の雄豚で100頭以上の母豚に種付けできます。少ない雄豚でいいので、選抜が厳しくできます。成長速度や肉質などでの選抜が厳しくして、優秀な雄豚の遺伝子だけが生き残れるのです。

●妊娠

雌豚の妊娠期間は115日です。私は「３か月３週間３日プラス１」と覚えるよう習いました。妊娠中はストールと呼ばれる枠のようなところに入ります（図６）。ストールは50～60年前に発明されたのですが、飼料給与時の闘争を防ぎ、個々の妊娠豚に確実に飼料をやることができるの

図６　ストール飼育されている妊娠豚。飼料給与時の闘争防止、個別管理のためストール飼育が行われている。

で、世界中で使われるようになりました。妊娠期にグループ飼育すると、飼料をめぐって豚は激しく戦います。たとえば、10頭の妊娠豚がいて、1頭に1日平均2kgで計20kgの飼料をそのまま群れのなかに置くと、激しい闘争が起きます。そして強い豚が飼料の半分ぐらいを取ってしまって、弱い豚はなにも食べられないことになります。闘争による流産も発生します。豚に平等と博愛の精神はないのです。しかし、ストールの使用開始から50〜60年経ったいま、動物の権利・福祉に反すると、非難の対象になり欧米で問題にされてきています。

●分娩・離乳

妊娠期間が115日ですから、出産は1年間に2回から3回あります。分娩1回に1腹当り平均11.5頭、だいたい10〜13頭産まれます。5年ぐらい前までは平均10頭だったのですが、品種改良の結果、平均11.5頭に増えてきています。分娩子豚数が一番多いのは、3〜5産次ぐらいの豚です。

産まれた子豚の体重は1頭当り1.2〜1.5kgあります。子宮の大きさは変わりませんから、1回の出産で生まれる数が多くなると各子豚は少し小さくなります。そして生後28日齢で、体重は6〜7kgになります。産まれた時にはネコよりちょっと小さいのに、3〜4週齢ぐらいで、中型犬ぐらいの大きさになりますから、子豚の成長は早いのです。

養豚場では、分娩は日常茶飯事ですが、と同時に雌豚にとって分娩は、死亡リスクの高いイベントでもあります。年間5%から8%の母豚が死にますが、そのうち分娩前後の死亡が60%あります。

●授乳期

授乳期には母豚は分娩クレートに入ります(図7)。分娩クレートでは、母豚がゆっくりと座ってそして寝て、子豚が安全にお乳を吸えるような工夫がしてあります。なぜゆっくり座ることが重要かというと、生まれた子豚は15%くらいが離乳前に死にます。子豚がよく死ぬのは、だいた

図7　分娩クレート内の母豚と子豚。母豚の下敷きになってしまう子豚の圧死を防ぐため。床面はスノコで糞尿は下へ。
(https://resources.stuff.co.nz/content/dam/images/1/k/w/r/e/a/image.related.StuffLandscapeSixteenByNine.620x349.1kvx0e.png/1502240767404.jpg)

い生後3日以内のことです。一番危ないのは母豚が何気なくお尻から座った時に、その下にお乳をもらおうと思った子豚が待っていることです。母豚は200kgです。脚を踏まれると、子豚がぎゃーっと鳴きますので、生産者が助けにいけるのですが、頭から踏まれると、即死または窒息死です。これを圧死と呼んでいます。圧死が子豚死亡の一番大きい死因です。分娩クレートは、一番の死因である圧死を避けるためにあります。

分娩クレートの床面はスノコ状で多数の隙間があり、糞尿は下に落ちて、水洗便所のように流れていくようになっています。動物を飼うのに最も気を付けなければいけないのは、糞と尿の掃除です。みなさんも子どもができたら分かると思いますが、赤ちゃんはミルクを飲んで、おしっこをし、うんこをします。それと一緒で、子豚は床面に糞尿をいっぱいします。そのまま糞尿の中で子豚を育てると、子豚は下痢をしやすくなります。下痢をしたら抗生物質等で治療しないと子豚は助かりません。

母豚のお乳は、心臓に近い方（上部といいます）の乳がよく出ます。お乳が14以上あります。牛は4つ、人間は2つですが、豚は14～16乳頭あって、そのうちよく出るのが上部の方です。兄弟のなかでも大きい子、強い子が上部のお乳をとりにいきます。激しい競争のなかにいるので、虚弱な子豚はお乳がうまく飲めず、産まれて３日目ぐらいで死んでしまう。さらに弱い子豚は母豚が座った時に逃げるのも下手で圧死もしやすい。

24時間監視カメラを使って見ていますと、等時間間隔で子豚はお乳を吸います。授乳回数は、１日に約30回、50分に１回です。だいたい１分弱で一斉に吸ってしまう。この点が豚と牛と違うところです。牛は乳槽と言って、乳房のなかに乳をためるところがある。だから、１回で大量に飲めるわけです。ところが、豚も人間もそうですけど、牛のような乳槽はありません。だから、子豚の授乳は１日に30回もしないといけないのです。

●肥育そして出荷

肉豚コースの子豚は産まれた時には1.2～1.5kg、わずか６か月ぐらいで80倍の体重、115～120kg ぐらいの大きさになり、食肉工場へ出荷されます。学生を連れて行く研究協力農家には、小さいのから大きいのまで5,000頭もの豚がいます。産まれたばかりの子豚は非常にかわいい。必ず学生が「先生、5,000頭もいるのなら、１頭ぐらいもらって帰ってもいいのではありませんか？」と聞きます。「欲しいと言ったら、くれると思うよ」と私は答えるのですが、「よく考えろ」と続けます。「半年経ったら、その小さな子豚も体重100kg の豚になる」。それで学生もあきらめます。

３．養豚の生産システム

養豚では生産システムを決めることが大切です。豚を健康に飼育するのに、豚舎の換気システムは大切です。換気とは汚れた空気を外に出し、新鮮な空気を動物に供給することです。このシステムがうまく働かないと、豚は呼吸器病を引き起こしやすくなります。人と違って、豚は自分で窓を開けたり閉めたりできないのです。

豚舎は換気システムによって２種類に分けられます。１つは自然換気、もう１つは換気ファンでの機械による24時間換気です。24時間換気の豚舎では高気密で高断熱になっています。気密性と断熱性を高めるために窓は、最小限にして作られています。

自然換気では機械を使わず、開放タイプの豚舎で、風と空気の温度差で換気しています。建設コストは安いけれど、寒暖と換気の制御ができない。例えば冬は寒い。さらに１頭１頭の豚に、新鮮な空気を確実に届けることができないという欠点があります。

●マルチサイト生産とオールイン・オールアウト

他の生産システムについては、１つの例だけを紹介します。図８は生産システム例としてのマルチサイト生産を示しています。マルチサイトとは複数の場所という意味です。一か所に多数の豚を飼っていますと、一度病気が発生すると、全部の豚が危なくなるのです。病気は伝染するものが多いのです。それで飼育ステージごとに、複数の場所で飼育するのです。疾病発生のリスクを下げ、発生しても最小限で食い止めるように考えられています。具体的には、ステージとして種付け・妊娠・分娩舎、離乳舎そして複数の肉豚舎に分けて、豚舎内の飼育グループごとに

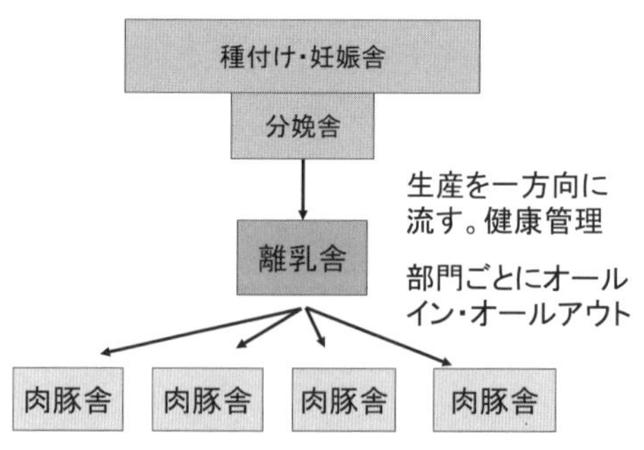

図８　生産システム例としてのマルチサイト生産とオールインオールアウト

オールイン・オールアウトします。飼育グループごとに、できれば飼育室ごと、動物舎ごと、または農場ごとに一度に入れ（イン）、一度に移動させる（アウト）生産方式です。アウトと次のインの間に、空白期間があるので水洗・乾燥・消毒を何回か繰り返すことができ、清潔な環境ができ、疾病発生と感染のリスクを低減できます。

4．養豚生産での問題点としての福祉問題

養豚には重要な３本の柱と１つの大きな土台があります。土台は健康な豚を飼うことです。その土台の上に動物福祉があって、食の安全、さらに環境問題もあります。健康を土台にした福祉・安全・環境という３本柱があって、農業の持続性があるのです。すべて大切ですが、今回はその一つである動物福祉（Animal Welfare）について話します。

●農業動物としての豚の福祉問題

動物福祉は、活動家（アクティビスト）が世論をリードして進めています。興味のある方はインターネットで「PETA」（動物の倫理的扱いを求める人々の会、People for the Ethical Treatment of Animals）を検索してみてください。1980年に創設され650万人の会員がいる一番先鋭的な団体です。米国人道会HSUS（Humane Society of the United States）はやや穏健派と言われています。農場に行き、農場の動物を農場外に放したり、農場で動物が虐待されていると思われるような写真を撮ってウエブにアップロードしたりして、農家からは怖がられている団体です。動物の権利連合（Animal Right Coalition）もあります。動物タンパク質を使わないクッキーやハンバーガーなどを「みなさん、ベジタリアンになりましょう」と無料で配っています。彼らは、人類すべてがベジタリアンになれば、動物を助けられると思っているようです。

一方、消費者の側の意識も変わってきています。たとえば、食の生産について知りたいと思う人が増えてきています。また、21世紀になって

から、企業から多くの寄付金をもらう大学への不信が言われるようになってきました。これはアメリカの消費者に顕著です。企業が大スポンサーとなる大学研究からの、食品の安全性や効能への研究結果に不信感を持つ人もいます。さらに巨大農場への不信感があります。Factory Farmingという言葉を聞いたことがありますか。大規模な工場畜産とでも訳すのでしょうか、動物を虐待し搾取しているという非難が出てきています。小規模農家の多い日本ではまだこうした動きはあまり出ていません。

●農業動物の５つの自由

動物の５つの自由とはイギリスの動物福祉委員会が提案したものです。

1）飢餓からの自由

2）非快適からの自由

3）痛み、外傷、病気からの自由

4）正常な行動を示す自由

5）恐れからの自由

日本ではこの５つの自由を絶対視する人がいますが、欧米ではいろいろな哲学者が、この５つの自由には問題があると指摘しています。たとえば「飢餓からの自由」では、農場で普通に行われている制限給餌が問題になってしまいます。人もそうですが、豚も妊娠期にはたくさん食べると身体に悪いので制限給餌します。妊娠豚は常にお腹がすいているのです。

「正常な行動を示す自由」も問題があります。たとえばイノシシは餌を求めて一日中山を歩いていますが、人間に餌をもらうようになった豚は山を駆け巡る必要はないわけです。ですから、この一日中歩き回ることは、豚の正常な行動とは違うと言われています。

動物種によっても福祉が違います。どこが違うか。なぜ違うのか。哲学の本を読んでください。考えている自分を考える自分と意識するという「Self-consciousness（意識）」が動物種によって違うでしょう。また苦痛と喜びの感受性や知的関心（知性）があるかどうか。おそらくゴキブリにはないでしょう。チンパンジーは、長く一緒にいる母親に対する興味・関心（精神的つながり）を持っています。鶏ではどうでしょうか。動物によってさまざまに違うだろうと思います。種によって違う知的関心があるなら、違ったように扱われるべきだという考えがあります。また家族の一員である犬・猫などの伴侶動物と、最後には食料なる農業動物も違った福祉を考えられるべきしょう。

5．農業動物の生と死

●生きる価値のある生なのか

人が牛や豚や鶏といった農業動物を使うことをやめてしまったら、農業動物は存在しなくなります。豚を例にとるなら、豚が生きる価値のあるように生きるなら、豚にとっては、存在しないよりは存在する方がいいのではないでしょうか。また、人と農業動物が発達してきた歴史（Evolutional history）があります。最後の氷河期以降人間社会が発展してきたなかで、人は羊、山羊、牛、豚などを家畜化し育種改良してきています。この関係の最も大きな要因は人の利益（乳、肉、卵、毛皮、肥料、楽しみ）ではあったのですが、人は動物を家族の財産として大切に扱ってきています。そして人は動物の行動を通して、意思を通じ合ってきています。この関係が、畜産農家が激減してきている中で、消費者が生産現場と遠く離れて忘れられてきています。消費者は、人と農業動物の関係を、人と伴侶動物との関係にすり替えて考えやすいのです。

●動物福祉と動物の死

人にとって長寿は大事なことですが、動物にとって長く生きることが福祉であるとは限りません。時間の意識が違うからです。もうひとつ、Death is part of life（死は分離ではなく、生の一部である）ということ

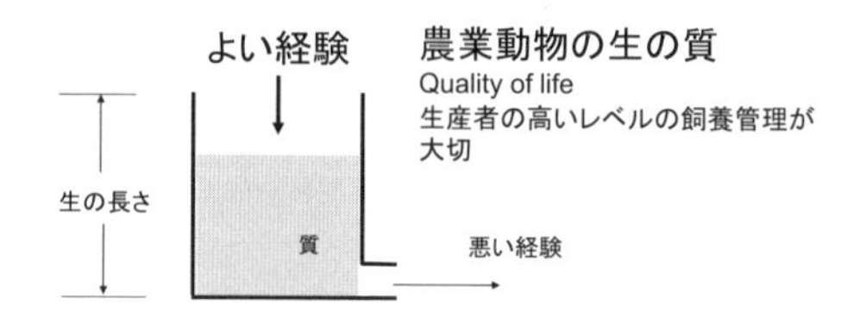

•動物にとって長く生きることが福祉的に最上とは限らない
•時間への意識が違うから

図9　H. サイモンセンの「生の質」のアイデア
(Simonsen, H.B. 1996. Assesment of animal welfare by a holistic approach: behaviour, health and measured opinion. Acta Agric. Scand., Sect. A, Anim. Sci. Suppl. 27. 91-96)

があります。生きているものは必ず死にます。死は切り離されたものではなく、生の一部であるので、生産者も屠殺と安楽死を正面からとらえるべきだということです。また、動物に生を与え、そして人道的な方法でその生を終わらせることは倫理的に受け入れられると考えられています。

「よい生とやさしい死（A good life and a gentle death)」という言葉はアップルビー（Appleby, Michael）によるもので、とても有名になりました。図9はサイモンセンの「生の質」のアイデアを示しています(Simonsen, Acta Agric Scand, 1996)。生の長さがあり、よい経験を与えることにより、生の質が上がり、反対に悪い経験を与えると生の質は下がる。だから、生の質を高めることが重要であり、そのためには高いレベルの飼養管理が大切です。もしも豚が good life（よい人生）を持ち、人道的な方法で殺されるなら、殺すときは意識を数秒で失わせるようにすれば、長く苦しみながら死ぬことはありません。Gentle death ということです。

6．養豚の福祉問題

養豚の福祉問題は、ストール飼育、安楽死、去勢と断尾、四肢障害などがありますが、なかでも大きな問題は妊娠豚のストール飼育です。ストール飼育は、妊娠豚間の闘争攻撃行動を防ぐため、そして個別に飼料を与えることができる利点があって、世界中で使われてきました。さらに個々に健康状態を観察することもできます。たとえば下痢していることもすぐに分かる。ただしストール飼育の欠点は妊娠豚が自由に動けないことです。

ストール飼育禁止は、イギリスが一番先に法制化しました。しかし1999年にストール飼育を禁止したところ、農家の廃業が増え、10年間ぐらいで飼育豚頭数の46％を喪失してしまいました。現場のことを考慮せずに、急激な変化を起こす法律をつくってしまうとこんなふうになってしまうことも覚えてください。

それでも、ヨーロッパでは10年以上の移行期間をえて、2013年から妊娠４週齢超えから分娩予定の１週間前までのストール飼育を禁止する法律ができました。妊娠４週齢を過ぎると闘争しても流産することは少ないという判断です。ヨーロッパ内でストール飼育を使わないだけでなく、ストールを使って飼われた豚肉は輸入されません。たとえばアメリカのストール飼育で生産された豚肉は輸入されないようになりました。

西部劇映画などで、馬が脚をけがして倒れると、殺すのを観たことはありますか。豚も含めた大動物は、体重が重いので動けなくなると、座瘡（床ずれ）による苦しい死が待っているからです。福祉の大切な要点は、死への苦しみをできる限り短くするようにすることにあり、そのために安楽死という方法があります。四肢障害は歩くのが困難になることです。苦しみを伴うということで安楽死の対象となります。

去勢と断尾もヨーロッパでは福祉上問題とされています。雄豚の睾丸を取り去ることを去勢と言います。肉に雄豚臭が付いてしまうので、睾丸を取るのです。体重90kg を超えるほど大きくなると、精巣からホルモンが出て、肉に臭い匂いがついてしまい消費者から苦情がくるので去勢するのです。

断尾は、しっぽの先を切ることです。グループ飼育されている肥育豚で、ある豚が他の豚の尻尾に咬みつくことがあります。咬みつかれた豚はぎゃーっと叫び、やった方は興奮するのか、さらに咬み流血させ、最後には傷口からの細菌感染から死んでしまうこともあります。それを防ぐために、尻尾の先を切ってしまうのが断尾です。

7．ヨーロッパにおける妊娠豚の飼育

欧州では妊娠期の一定期間のストール飼育が法律で禁止されました。ヨーロッパの生産者にとって、オプションは５つしかありません。

１）床に給餌

２）ミニボックス

３）フリーアクセスストール

４）コンピュータ制御（EFS）

５）廃業する

ストール飼育をやめるとなると、施設を改修するお金も必要です。ヨーロッパの農家は廃業するか、続けるか考えたと思います。

床に給餌する方法は、安価ですが闘争が多いという欠点があります。図10「ミニボックスで飼養される妊娠豚」は、いままで使っていたストールを半分に切り、豚が自由に出入りできるようにしたものです。いまでは欧州では60％ぐらいの生産者がミニボックスに変えているそうです。でも闘争は頻繁に起ります。

図11「コンピューター制御システムで飼養される妊娠豚」では、豚の耳にコンピュータチップを付けます。チップには豚のIDであり豚の情報が入っています。ストール飼育でなくグループ飼育し、飼料給餌用の柵が設置されていて、その中に入ると、この豚に必要なだけの飼料が出てくるというシステムです。グループ飼育でかつ個体管理もできます。

図10　ミニボックスで飼養される妊娠豚。ストール柵を半分に切って改修。
（http://www.prairieswine.com/wp-content/uploads/2011/07/Quickfeeder.jpg）

図11　コンピューター制御システムで飼養される妊娠豚。耳にコンピュータチップを埋め込み、飼料給与量を個別管理する。
（https://www.bigdutchman.com/en/pig-production/news/detail/electronic-sow-feeding-system-call-inn-pro-for-healthy-and-happy-sows.html）

しかし飼料給餌用の柵近辺での攻撃行動が起こりやすいという欠点が指摘されています。図11の写真を見ると、豚はグループで飼育されていて、仕切り壁がつけられています。こうした壁がないと豚同士のけんかが多

図12　フリー・アクセスストールで飼育される妊娠豚。後ろに扉がついている。
（http://www.stockyardindustries.com/pigs-penning-welfare）

くなり、仕切り壁で作られた空間は、弱い豚が逃げる場所にもなるそうです。図12のように、フリー・アクセスストールもあります。飼料を与える時に、豚はストールに入ります。入ったら、後ろの戸が閉まるので、後ろから他の豚には襲われません。フリー・アクセスストールの欠点は、スペースが従来の２倍必要になることです。さらに個体管理ができません。

８．アメリカでの養豚福祉

ここまでは動物福祉、とくに妊娠豚のストール飼育について、ヨーロッパの選択についてお話ししてきました。次はアメリカの動物福祉について簡単に述べます。アメリカでは動物福祉は、科学ベースで実施されるべきということを強く言っており、ヨーロッパは動物福祉について情緒に傾きすぎていると批判しています。アメリカの生産者は、グループ飼育でもストール飼育でも、飼養管理をよくすれば、動物福祉は実現できるという考えです。だから欧州のようにストールの使用は禁止されていません。ストール飼育とグループ飼育という２者択一でなく、農場スタッフへの教育で飼養管理の充実を図り養豚の福祉を改善しようとしています。

アメリカ人は、政府に指示されるのは嫌いな国民です。考え方も実用主義、さらに科学ベースです。彼らは教育を信じているから、教育とトレーニングからの良い飼養管理で、豚の福祉を実現しようとしています。養豚の福祉への対応については、欧米は同じではないのです。

具体的には、アメリカでは養豚生産者協議会が中心となって豚肉品質保証プログラム（PQA Plus: Pork Quality Assurance Plus）というプログラムを作り、そこに7 ～ 8割の生産者が加入し、豚をいかに福祉的に飼うか、という動物福祉改善運動を展開しています。なおPQA Plusは、豚は食品であるという考え方で、消費者への食の安全も考慮しています。

福祉考慮の飼養管理例としては、母豚には1から5までのボディー・コンディション・スコアという栄養管理と福祉の指標が設けられています。痩せ過ぎず、太り過ぎずに飼養するために、この指標を利用することで飼養管理の質を向上させ、栄養管理と福祉を改善していこうとしています。

違った例としては、静かに豚を動かそうという農場トレーニングがあります。ポイント・オブ・バランスというのですが、人が前から近づいたら、豚は後ろに下がります。豚の後ろから近づくと、豚は前に動きます。そういう習性を利用して、静かに豚を動かそうという農場トレーニングです。豚を静かに移動させるのは、結構難しいのです。さらにソート板やケープ、ガラガラ、竿付き旗など、豚を移動させるための道具がいろいろと工夫されています。ガラガラというのは、なかが空洞で、そこに豆状のものが入っていて、それを振るとガラガラと音がします。その音を豚は嫌がって逃げるので、こういう道具を使って静かに豚を動かそうというのです。従来は大きな声やムチで豚を動かしていたのです。

9．日本での養豚福祉

小規模な家族経営農家が多く、かつ養豚の歴史が浅い日本の場合は、欧米のような福祉の考え方ややり方に、違和感を感じる生産者が多いのです。またヨーロッパのようにストール飼育を禁止するような、飼養方法まで法律で決めることには抵抗があります。それで妊娠豚のストール飼育がまだ認められています。また欧米に比較して、日本養豚の母豚の死亡率は低く、１人当たりの飼養頭数も少なく、豚の管理は十分できているという自負もあります。農水省が定めた「飼養衛生管理基準」で疾病の侵入を防ぎかつ健康な豚を飼育することを重要視しています。

養豚福祉への対応はヨーロッパとアメリカと日本でも違います。福祉問題は国による違いが大きくあります。

●まとめ

日本には、現在90万頭の母豚と5,000戸の農家で日本が消費する50％の豚肉を生産しています。欧米に比較して歴史の浅い未成熟な産業ではありますが、農家は健康な豚を、動物福祉・食の安全・環境を考慮して飼育しようとしています。みなさん是非、国産の豚肉を応援してください。

実験動物を「飼う」

下田耕治

（しもだ　こうじ）慶應義塾大学医学部動物実験センター長、教授。1954年生まれ。北海道大学卒業。専門は、実験動物学。

みなさん、こんにちは。慶應義塾大学医学部動物実験センターの下田耕治です。動物実験センターは信濃町キャンパスにあり、たくさんの動物が飼育され、実験されています。医学部以外でも薬学部や理工学部などで動物実験が行われています。慶應義塾大学内で行われる動物実験は、必ず動物実験委員会により審査・承認された計画で、年300件あまりに達します。つまり、動物実験はどこか遠くで行われているのではなく、みなさんがいるまさにこの大学内で行われています。

1．実験に使われる動物たち

今日は実験動物を「飼う」というテーマでお話しますが、まずは実験動物にはどのようなものがいるかをお話しましょう。

マウスとラットが代表的な実験動物で、今日の話の中心もマウスとラットです。マウスは小さくて、ラットはちょっと大きな動物です。マウスは白（albino）、黒、アグーチ（野生色）などの毛色をしています。また、遺伝的に毛のない系統のマウスもいます。ラットは白いものが多いのですが、Zuckerと言う糖尿病のモデル動物は白黒の毛色をしています。

このほか、モルモット、ウサギ、ハムスター、イヌ、ブタ、サル、マーモセット、ネコ、フェレット、ウズラなどが実験動物として使われます。そのほか、アフリカツメカエル、ショウジョウバエ、ゼブラフィッシュなども使われています。こうした動物はペットとしても流通していますが、実験に使う動物はその目的のために生産されたものです。以前はペットとして飼えなくなったり捕獲されたイヌやネコが動物実験に転用されていましたが、いまはパーパスブレッド・アニマル（Purpose-bred animals）、つまり「研究に使用する目的のために最初から生産された動物」が主流です。ただ、サル類では、ニホンザルは実験用に繁殖・生産されていますが、カニクイザルなどはあまり繁殖されておらず、東南アジアの森で捕まえた野生のサルが輸入されています。ブタについては、ミニチュアピッグという、大きくならない特殊な系統のブタも使われています。

2．実験動物と動物実験の定義

実験動物とは何か。言葉でいうと「動物実験に用いられる動物」のことです。では、「動物実験とは何か」というと、定義は「研究、試験、教育及び材料採取のために、動物から生物情報を得る手続き」のことです。また、法律では、実験動物あるいは動物実験という言葉を使わずに、「科学上の目的に動物を供する」という用語を使用しています。

動物実験は「研究、試験、教育及び材料採取のために」行われると言いましたが、研究、試験、教育及び材料採取とはそれぞれどういうことでしょうか。

自然現象を観察して、それを記載し、仮説を立てて、その妥当性を検証し、普遍的な原則を導き出す作業――これが研究です。具体的にはどういうことでしょうか。狭義の動物実験とは、動物に何らかの処置を加えて、その反応を観察することです。もう少し広い意味の動物実験には、生態学あるいは行動学などが含まれます。すなわち、人為的な処置はなにもなく、ただ動物を望遠鏡で追って観察するといったものも、広い意味での動物実験として定義されることがあります。しかし、日本で一般に動物実験と言われているのは、前者の何らかの処置を加えることを指す場合が多いです。広義の動物実験を含めるのであれば、研究とは、事前処置の有無にかかわらず、動物から生物情報を得る手続きと言えるでしょう。

試験は実際には検定とも言われます。つまり、未知の性質を測る、新しく開発された薬剤の有効性や安全性を調べる手続きです。研究の場合、実験方法はさまざまあり、バラエティーに富んでいます。しかし検定の場合は、毒性試験なら毒性試験、発がん試験なら発がん試験というように一定のプロトコル（手順）が決まっており、それに沿ってきちんとやらないと、最終的な結果が比較できなくなります。そこが研究と試験の違いです。

教育とは、蓄積された知識や技術を他者に伝える行為です。学生に生物反応を理解させることです。医学、獣医学や薬学では、診療技術や実験手技の教育訓練として、多くの場合、動物を用いています。また、生理学や薬理学などでも生きた動物を使った学生実習を行っています。

そして、材料採取とは、細胞や体液、酵素などの実験用材料、ホルモンやワクチンなどの医薬品を動物から入手することを言います。

動物実験の概念を図1に示します。医者や研究者が動物に光を当て（実験処置をし）、その影をヒトに関する情報として観察しています。得られた成績は、直接的なヒトの情報ではありません。そして、実験に用いられた動物たちは結果として死ぬことになります。といいますか、殺されます。それも、食用にされるブタなどとは違って、この動物たちは病気にさせられ、苦しんでから殺されます。ですから、この動物たちについては倫理的・道徳的に注意深く取り扱う必要があります。ただ、今回はその話題にはあまり言及しないで、「飼う」という点に焦点を絞っ

図１　動物実験の概念

てお話しします。

３．なぜ動物実験をするのか？

なぜ、動物実験をするのでしょうか？　その理由は、ヒトに対する倫理的理由、経済的理由、科学的理由の３つがあげられます。

●ヒトに対する倫理的理由

ヒトを使って、痛みあるいは苦しみを与えるような実験はできないため、動物を使います。その際の倫理的な規範として、ヘルシンキ宣言があります。第二次世界大戦中にナチス・ドイツがユダヤ人を使って人体実験を盛んに行いました。その反省に基づいて、ニュルンベルク裁判の判決のなかで提示されたのが1947年のニュルンベルク綱領（研究目的の医療行為（臨床試験及び臨床研究）を行うにあたって厳守すべき10項目の基本原則）です。さらにそれを受けて、1964年にフィンランドで開かれた世界医師会総会で、ヘルシンキ宣言が発表されました。医学研究者が自らを規制するために採択した人体実験に対する倫理原則で、正式な名称は「ヒトを対象とする医学研究の倫理的原則」です。

最新のヘルシンキ宣言は37項あり、動物という文字は21項に出てきます。「人間を対象とする医学研究は、科学的文献の十分な知識、その他関連する情報源および適切な研究室での実験ならびに必要に応じた動物実験に基づき、一般に認知された科学的諸原則に従わなければならない。研究に使用される動物の福祉は尊重されなければならない。」とあります。要するに、ヒトに何かをする前に動物実験によって安全性などを確かめなさい、そのときには動物福祉にも注意を払いなさい、と書かれてあるのです。医学も薬学も、その他の分野でも、ヒトを対象とする研究では、動物福祉に配慮した動物実験を必要としています。

●経済的理由

次に経済性です。たとえば、薬剤を投与する時には、体重 kg 当たり何 g 投与しなさいという規定があります。ヒトの体重は約60kg ですが、マウスですとその3,000分の 1 で20g の体重しかないので、投与する薬剤も少なくて済み、経済的です。そのほか、飼料量や施設面積、作業量などについても少なくて済みます。とくに新規の合成したての薬剤などは高価ですから、最初から大量には手に入りません。このように動物実験では節約できるのです。

●科学的理由

動物実験は科学上の要求を満たすことが重要です。医学あるいは薬学では実際の対象はヒトですから、本来ならヒトを使うのが一番良い。しかし、ヒトは先ほどの倫理的な理由で使うことができません。となると、近縁な霊長類を実験に使うのが最適だろうという考え方があります。獣医学では、イヌの情報はイヌ科の動物で実験をするのが一番良いという考え方があります。しかし、実際に科学的に価値ある成績を出すには、霊長類あるいはイヌを使うよりも、小型の実験動物を使った方が有利な場合があります。

その一例が、いまも使われている血圧降下剤です。この降下剤を開発する時点で、ヒト（患者）を任意に多数集めて実験（試験）することは困難です。たとえば、年齢や体重、発症時期、ほかの疾患があるかないか、男女両性で、血圧が150ミリHg以上の高血圧症のヒトあるいは霊長類を集めなければいけません。しかし、小型の実験動物なら任意にたくさん集められます。ラットでは、本態性高血圧症ラット（SHR）が開発されていて、疾患を最初から持っている（すなわち疾患モデルの）動物を揃えることができます。またいろいろな実験に使う場合、再現性も重要になりますが、それをクリアして科学的に価値ある結果を出すためには、霊長類などヒトに近いもの、あるいはイヌなどを使うよりは、ラットのような小型の実験動物の疾患モデルを使った方が条件設定は容易です。

4．動物実験の根拠

では、なぜ実験動物は役に立つのでしょうか。

一般に、生物の反応は次の式で表すことができます。

$$R = (A + B + C) \times D + E$$

R：生物の反応

A：生物種を越えて共通する要素

B：生物種（品種、系統）に固有の要素（種差）

C：個体差

D：環境の影響

E：実験誤差

生物種を越えて共通する要素（A）もあるのですが、種差という生物種に固有の要素（B）もあります。これは哺乳類なら哺乳類である程度まとまっており、哺乳類と魚類ではかなり違っています。さらに個体ごとの違い（C）が加わって、それに環境の影響（D）が掛けあわさります。それにさらに実験誤差（E）が加わり、それら全部を合わせたものが、われわれが手にすることのできるデータ／反応です。われわれが動物実験をする根拠はこの式にあります。

●種差

この式のうち、要素Bの「生物種に固有の要素／種差」に注目しましょう。たとえば、ヒトとマウスを比べてみると、かなりの差があります。ヒトとマウスは7,000年前に進化系統上で分岐しており、85％の遺伝子は共通していますが、逆に言えば15％の遺伝子は異なっています。この種差があるために、ヒトの病気を研究する時に、いくらマウスを使っても分からない部分があると言われています。

ヒトのデュシェンヌ型の筋ジストロフィーを例に挙げましょう。ヒトのデュシェンヌ型の筋ジストロフィーでは筋肉の細胞膜の内側にあるタンパク質のジストロフィンが先天的に欠損しています。このジストロフィンの欠損は男子にしか生じません。一方、同じ遺伝子を欠損するmdx マウスが偶然発見されました。この mdx マウスは遺伝的にヒトとまったく同じジストロフィンが欠損しているのですが、このマウスでは筋力の低下現象、すなわち動けなくなって死んでしまうことが観察されないのです。

こうした例から、マウスとヒトではジストロフィンについて種差があるので、動物実験をやっても意味がない、限界があると言われることがあります。しかし、mdx マウスの細胞を培養してよく調べてみると、同じ遺伝子が欠損していますが、筋肉の再生が観察されます。すなわち運動筋はどんどん死んでいくのですが、それに見合った分だけ筋細胞が再生されます。その結果、実際には筋力の低下現象が観察されないことが分かりました。

これは、種差があるから動物実験に意味がないということでしょうか。

マウスで分かったことをもとにして、ヒトのデュシェンヌ型の筋ジストロフィーをきちんと調べてみると、ヒトでも弱いながら運動筋が再生していました。つまり、この再生をもっと促すような治療法を開発すれば、ヒトの筋ジストロフィーが治るあるいは改善するのではないか。そういう新たな方向性が示されたわけです。このように、種差はたんに動物実験の限界を示すものではないということになります。

●個体差

次に、要素Ｃの個体差です。実験動物、特にマウスとラットでは、個体差を小さくするために遺伝的制御を行っています。その一つの例が「近交系」で、個体レベルでまったく同じ遺伝子セットを持っている集団のことを言います。近交系は、兄妹交配あるいは親子交配を20代以上繰り返すことによって樹立され、遺伝子が均一で、個体差が非常に小さな集団です。

もう１つが「クローズド・コロニー」です。これは近交系ほど遺伝子を固定していません。1,000匹ぐらいの集団のなかで５年以上集団内でのみ交配を繰り返すことによって、遺伝的なばらつきはある程度はあるが、そのほかは均一であるという、集団レベルで均一な遺伝子組成を持つものです。これによっても個体差を小さくすることができます。

また「交雑群」というものもあります。これは近交系と近交系を掛け合わせてつくる動物群で、異なる２つの近交系を交配した第一代目の子供、すなわち一代雑種（Ｆ１と略記されます）です。個体レベルで同じ遺伝子を持ち、なおかつ遺伝子はヘテロなので繁殖力や病気への抵抗性が強く、使いやすい動物です。

個体差というわけではありませんが、「ミュータント系」もあります。これは突然変異などで出てきたもの（mdx マウスなど）や、先ほどの高血圧ラットのように、高血圧になるラットばかりを集めて交配することで樹立した病態モデルを含みます。

さらに、遺伝子組換えでつくられたモデルもありますが、バックグラウンドに近交系を使うことによって、個体差を小さくすることができます。

●環境の影響

要素Ｄの環境の影響が今回の講義のテーマで、「飼う」ことにつながります。次に述べる飼育管理では、環境の影響を最小限にするため、実験動物に特有の工夫や努力がなされていますので、マウス・ラットを中心に紹介します。

なお、実験誤差（E）については省略します。

5．飼育管理

●動物実験成績と環境制御

動物実験を行うとき、一定の処置に対して同一の反応（実験成績）を得たいわけですが、そこにはこれまで述べてきたような要素が関係しています。遺伝子の影響については、先ほどの要素Ｃ：個体差で近交系をつくることなどで小さくできると述べましたが、ある「遺伝子型」を持った受精卵は母体により育まれ、保育され、成体になります。こうして形成された形態的、あるいは永続的な生理機能を「表現型」と呼び、毛色、各種酵素の違いなどの特徴を示します。この動物たちは、１匹で飼育されるか、グループ飼育か、あるいはそのほかどういう環境で飼育されるかという近隣環境に影響されて“一時的な生理状態”を示し、それを「演出型」と呼びます。この「演出型」に対してわれわれは処置を加え、実験成績を得ようとするわけですから、演出型のばらつきを小さくすること、すなわち、近隣環境、飼育環境の制御が重要になります。

●実験動物の環境要因

実験動物の環境要因にはさまざまなものがあります。たとえば、温湿度・照明などの外的な要因、飼料・水などの栄養的な要因、さらに病原体やストレスなどの要因もあります。これらを一定に保つことが飼育管理にとって重要です。

こういう要因が一定でないと、実験動物の生理や代謝に変化を起こし、最終的に実験成績に影響を与えます。高品質な飼育管理が実験成績の信頼性を高めるので、われわれは、温度、湿度、照明、臭気、気圧、騒音、空調、故障、ヒトからのストレス、餌・水、床敷き、ケージの種類、飼育密度、動物同士・社会性、輸送のストレス、微生物、作業ミスなどの因子をコントロールしようと思うのです。

●微生物学的コントロール

環境因子のなかで、特に重要なのが微生物学的要素です。動物が感染病に罹っていては実験自体が成立しません。そのため、実験用途に応じて、微生物学的コントロールが行われ、無菌動物、ノトバイオート（gnotobiote）、SPF（specific pathogen free）動物、クリーン動物などが作成され、飼養されています。

「無菌動物」とは微生物（ウイルスを除く）を全く持っていない動物のことです。「ノトバイオート」はこの無菌動物に分かっている菌種だけを定着させた動物、SPF 動物は特定の病原体を保有していないことが保証されている動物です。「クリーン動物」というのは、SPF 動物の子孫で、繁殖・検査の経費を抑えて生産された動物です。これらよりもワンランク下ですが、微生物の制御ができていない普通の動物が「コンベンショナル動物」です。SPF 動物は病原体がいないことが検査済みですが、コンベンショナル動物は病原菌がいるかどうかが確認されていない状態です。マウスやラットでは SPF 動物、イヌ、ブタ、サルではコンベンショナル動物が一般的です。

●実験動物の飼育施設・設備

微生物をコントロールしたこれらの動物を飼育するためには特殊な設備が必要です。

無菌動物・ノトバイオートを飼育する装置

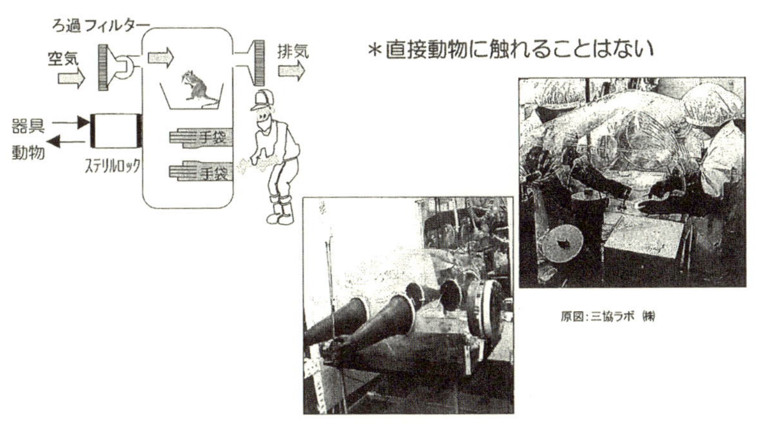

図2　実験動物の飼育施設・設備〈アイソレータ方式（隔離方式）〉

①アイソレータ方式（隔離方式）

無菌動物やノトバイオートを飼育するために、塩化ビニール製のアイソレータ（隔離式飼育容器）を使います（図2）。ビニール・アイソレータの内部を強力な薬品で滅菌し、高性能フィルターで濾過された空気を給気します。排気も同じで、逆流する場合も想定して、排気側にも高性能フィルターを装備しています。また、アイソレータの内部の気圧は、外部の気圧よりも高くしています（これを陽圧といいます）。こうすることで、たとえピンホールが開いたとしても、外部の空気はなかには入り込みませんので、微生物の侵入を防ぐことができます。

アイソレータには動物や物品を搬出入するためのステリルロックと呼ばれる装置があります。外部の微生物が進入しないように、器具・機材は熱滅菌後、いったんステリルロック内に入れ、器機の外側を薬品で滅菌した後、内部へ搬入します。さらに分厚いネオプレン製のゴム手袋を介して、動物のケージ交換や給餌・給水を行い、動物に直接手を触れる

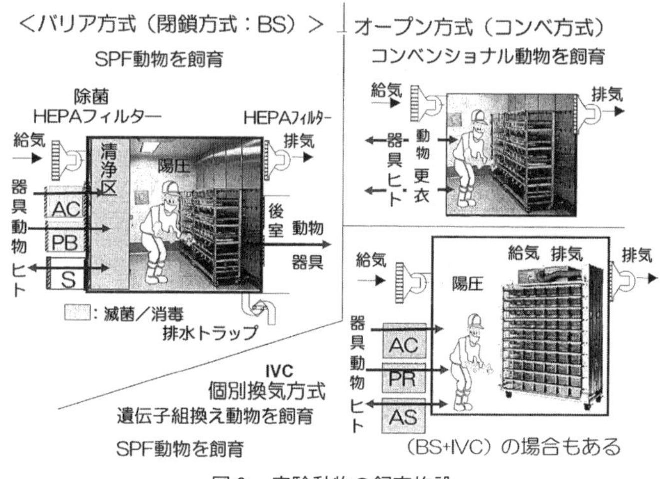

図3　実験動物の飼育施設

ことはありません。

ところで、最初の動物はどうやって作るのでしょうか。動物の子宮内は無菌ですから、産まれる予定日に母体を安楽殺し、子宮を取り出し、その両端をひもで縛り、周りを消毒した上で、ジャーミサイダルトラップという薬液層を通してアイソレータのなかに入れます。そこで子宮を切開して新生仔を取り出し、蘇生させ、その新生仔を育てます。

このアイソレータは密閉空間ですから、無菌動物やノトバイオートだけではなく、SPF 動物を飼育したり、あるいは感染症にかかっている動物を入れて、ほかの動物に伝播させないためにも使われています。

②バリア方式

SPF 動物を飼育するためにはバリア方式（閉鎖方式）という方法を使います（図3）。建物のなかに、ビニール・アイソレータと同じような環境（クリーンルーム）をつくり、ここで動物を飼育します。気密性の高い部屋を用意して、そのなかに空気中の菌をほぼ完全に除去できる

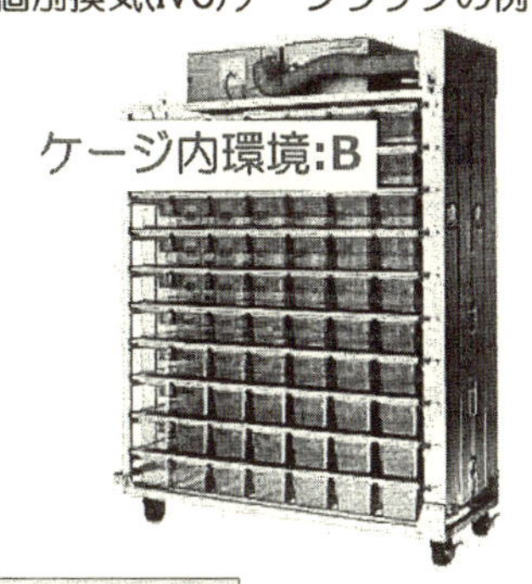

室内環境	A	B
室温　23±2℃	温度？	温度：+2～3℃？
換気回数10-15回/時	換気数？	換気数：60回/時？

？：収容数による

図4　飼育室環境とケージ内環境

HEPA フィルター（High Efficiency Particulate Air Filter）を装着し、このフィルターを通して室内に空気を供給します。アイソレータと同じく、室内の空気は陽圧にしておきます。

器具・機材はオートクレーブ（高圧蒸気滅菌器）（AC）で滅菌してから内部に搬入します。動物など熱をかけられない物品では、パスボックス（PB）またはパスルール（PR）という空間に物品をいれ、物品の周囲と空間に消毒薬を噴霧し消毒してから内部に搬入します。ヒトの場合は無塵衣というつなぎ服に着替え、帽子、マスク、手袋を着用した上でエアシャワーを通過してなかに入ります。動物や汚染された機材などは、別の通路から外に搬出することで、より清浄に管理できます。

③オープン方式（コンベンショナル方式）

一方、オープン方式は普通の実験室と考えていただければいいでしょう。ここでは一般にコンベンショナル動物が飼育されます。ヒトは専用の白衣に着替え、履物を替えるぐらいで、入退室します。外部から病原体などが侵入する確率が高くなります。

④個別換気方式

最近では個別換気方式の飼育装置も普及しています。設置する部屋はバリア方式の方が良いのですが、オープン方式の部屋でも構いません。ケージ一個一個に吹き出し口があり、HEPA フィルターで濾過された空気が供給され、ケージ上面のフィルターキャップから排気されます。また、それぞれのケージに給気口と排気口を取り付け、強制的に換気する方式の装置も開発されています（図4）。

●飼育施設の環境条件

飼育室の環境のことをマクロの環境、ケージ内環境のことをミクロの環境と言います。マクロの環境である飼育室の基準値は世界共通です。たとえば温度はマウスやラットで20～26度、ウサギなどでは18～28度となっていて、換気回数も決められています。こうした基準値を守りながら飼育していくことが、実験結果の信頼性につながります。

ミクロの環境、すなわちケージ内の環境については、いっそう細やかな注意が必要です。ケージのなかに動物がいる分だけ温度が高くなったり、湿度が高くなったりしがちだからです。マウスの場合には、1匹飼いのケージ内は室温よりも0.4度高く、3匹以上飼うと、0.4度×匹数ほど高い気温になります。室内の上下あるいは水平方向でも温度差があります。なお、個別換気の可能なケージラックでは強制的に換気することができるので、その分室温を高くした方が良いと言われています。そうした個別換気システムのないオープンラックのケージ内環境のバラツキについては、より注意を払わねばなりません。

湿度の基準は40～60％とされています。ケージ内の湿度が高くなると、空中細菌やアンモニア濃度が増加し、呼吸器の細菌数が増え、それに伴う疾患も増えてきます。さらに害虫などの増加も懸念されます。逆に、湿度が低くなりすぎるのも問題で、呼吸器の障害が多くなり、目の粘膜が乾くなどの影響が現れます。ラットの場合、40％以下の低湿環境が続くと、尾がリング状に壊死するリングテールという病気になることがあります。

●飼料、給餌、給水

飼料は、固いペレット状のものから、普通のドッグフード、サル用の乾パンまで、いろいろあります。ペレットを与えるのは、マウス、ラット、モルモット、ウサギで、動物により長さ、太さや堅さは異なっています。イヌやサルにはエキスパンデット飼料を与えます。材料を加水、加圧、加温して、デンプンをアルファ化（糊化）して乾燥させた固形飼料です。加水した原料を高温高圧で細いパイプから押しだすと、圧が常圧に戻るときに水分が沸騰して、細かい穴がたくさん開いた飼料ができます。

実験動物の食性によって飼料の配合は変えてあります。草食性のモルモットやウサギは野菜や牧草、肉食性のネコは動物性タンパク質を多く含んだ材料を使っています。マウスやラット、ハムスター、スナネズミ、イヌ、ブタ、サルなどは雑食性なので、それに合わせて配合した飼料を使います。モルモットとサル類は体内でビタミンCを合成できないので、飼料にビタミンCを必要量添加します。

使用目的によっても餌は違ってきます。繁殖用、長期飼育用のほか、高カロリー、高コレステロールなどの実験目的に応じた飼料が使用されます。さらに滅菌方法による違いもあります。ビニール・アイソレータやバリア方式の飼育室に餌を搬入するとき、高圧蒸気滅菌をする場合がありますが、高温で壊れてしまうビタミン類はその分を多めに添加する必要があります。ガンマ線を照射して滅菌した飼料ではこのような必要はありませんが、高価になります。

給餌方法にも注意が必要で、不断給餌と制限給餌があります。不断給餌とは、給餌器に十分量の餌を入れて好きなだけ食べさせる方法で、マウス、ラット、スナネズミ、ハムスターなどの齧歯類で行います。モルモット、ウサギ、イヌ、サルなどはあるだけ全部の餌を食べてしまうので不断給餌は使えません。1日に一定量の餌を与える制限給餌にしますが、土日も含め毎日欠かさず飼料を与えなければいけませんので大変です。

給水については、給水瓶を使う方法と自動給水を使う方法があります。前者では、だいたい1週間に一度給水瓶を取り換えます。ビン洗浄などの作業があり、交換前に空になったり、漏れてケージが水浸しになることがありますので注意が必要ですが、飲水量が一目で分かるのが良い点です。自動給水というのは、パイプやホースを配管して水を送るシステムです。ビン洗浄や充水作業は省けるのですが、ノズル（吸口）の点検作業をしなければなりません。自動給水の場合には、一度水漏れがあると、ぼたぼたとずっと垂れてきますので、ケージのなかに水がたまって動物がおぼれてしまう場合もあります。それぞれ一長一短があるということです。

●床敷

床敷はケージのなかに敷き詰めるもので、木のチップから紙製品、パルプ製品など、多種類あります。マウスやラットなどでは動物の好みがあり、ある床敷きにすると、繁殖成績が落ちたり、元に戻ったりすることがあります。そのため気を付けて選び、良いか悪いかは使ってみてから判断します。

また、動物愛護の面から環境エンリッチメントに配慮することも必要です。環境エンリッチメントとは、動物の福祉と健康のために飼育環境に変化を与えることです。マウスやラットの場合は、木製や塩ビのパイプあるいは紙コップを入れて隠れ家を作ることによって、エンリッチメントを図ります。サルやイヌなどには、実験目的を妨げない範囲で、遊び道具を与えることも行われています。

ケージ交換も一定の手順で行います。まず新しいケージを用意し、ラックから使用中のケージ取り出して、ふたを開け、マウスなどの動物を取り出し、入れ替えます。その時に数の確認をしなければなりません。特に新生仔の場合、何匹生まれているか、圧殺・食殺などで死んでいないかを確認します。汚れた床敷に紛れて新生仔が生きた状態で廃棄されるということが時々ありますので、注意が必要です。

●動物の状態観察

動物の状態観察は入荷時から始まります。納品情報をチェックし、輸送箱の点検、雌雄の確認と匹数の確認、体重測定などがあり、飼育室に入れた後は、馴化や検疫をするという作業が必要です。

動物の観察は、飼育期間中一貫して行わなければなりません。行動面では、活動が活発か、横臥、旋回、痙攣などについて観察し、外見面では、やせる・太る、毛並み、汚れなどに注意を払います。とくに目や鼻回り、肛門回りをよく見て、汚れなどがあるかどうかを観察します。こうしたところに汚れがある場合は病気の可能性があります。衰弱、外傷、うずくまり、脱毛、削痩（やせてくる）、横臥（横になる）などを示す動物は要注意です。また、マウス、ラットやウサギでよくあるのが不正咬合で、上と下の歯がかみ合わず伸び過ぎて、餌を食べられなくなる異常です。腫瘍や下痢などもありますので、日常の観察からこうした異常を見つけることが、飼育管理では重要です。

実際に実験動物に異常があった場合、記録することはもちろんですが、それが感染症なのか、その個体だけに起こった現象なのかを確認します。感染症の場合、むやみにほかの動物に触ると、感染を拡大してしまいますので、注意が必要です。

●安楽死処置

さて、飼育管理についてお話ししてきましたが、最終的に実験が終わった後、できる限り動物に苦痛を与えずに意識喪失状態とし、心機能、肺機能を停止させること、すなわち、安楽死処置が必要です。実験動物は安楽死をすることで生涯を閉じることが原則になっていて、実験が終われば安楽殺し、材料を採取します。

その安楽死のさせ方もいろいろあります。たとえばバルビツレート系麻酔薬を過剰に注射する、吸入麻酔薬を過剰に吸入させる、炭酸ガスを吸入させるなどが、安楽死処置の方法として認められています。マウスなど小動物では頸椎脱臼で安楽殺する場合もあります。

安楽死処置を実施するのは実験が終了した時点ですが、動物の状態が明らかに悪く、これ以上放っておいても次の日には死んでしまうことが予想される場合には、苦しむ時間を1日延ばすよりは、その日のうちに安楽殺した方が、動物が苦しむ時間を短くできます。このような配慮を人道的エンドポイントと言います。実験によって大きな苦痛が予想される場合には、人道的エンドポイントの適用基準（苦悶の症状、体重減少、腫瘍のサイズなど）を決めておいて、その基準に達したら安楽殺することは、実験動物の愛護・福祉の観点から、非常に重要です。

また、実験を中止した時や感染症が発生した時、過剰に繁殖してしまった時などにも安楽死処置が実施されます。

これで最終的に実験動物の「飼育」が終了します。

●最後に

今日はあまり言及しませんでしたが、動物実験に携わる者は「動物の愛護及び管理に関する法律」や「実験動物の飼養及び保管並びに苦痛の軽減に関する基準」（環境省告示）、「研究機関等における動物実験等の実施に関する基本指針」（文部科学省告示）などを遵守しなければなりません。日本では法律で過度に規制せず、機関（大学など）の長の責任のもとに、機関管理・自主管理により遵守する体制になっています。はじめにも述べましたが、慶應義塾大学で行われているすべての動物実験は動物実験委員会によって審査され、塾長名で承認されているのはこのためです。実験動物の「飼育」に関しても、すべての飼養保管施設（飼育室）を調査し、空調設備や飼育装置などのハード面、飼養保管マニュアルや飼育関係者の資格などのソフト面を確認し、承認しています。このように厳格な機関管理を行うことによって、動物福祉に配慮した動物実験を実施することができ、科学上意味のある実験成績が得られるのです。

Ⅲ
動物を飼うこと

飼うことの倫理学

奈良雅俊

（なら　まさとし）慶應義塾大学文学部教授。1959年生まれ。慶應義塾大学大学院文学研究科博士課程単位取得。専門は、倫理学。著作に『入門・倫理学』（共著、勁草書房、2018年）、『シリーズ生命倫理学　第12巻　先端医療』（共著、丸善出版、2012年）などがある。

文学部の奈良です。今日は倫理学の話をします。

人を飼うことは非難されますが、動物を飼うことに私たちはそれほど違和感を持ちません。人に対して、やってはいけない行為が、動物に対しては何の抵抗もない。これは動物に対する差別でしょうか。ピーター・シンガーという哲学者の意見を参考にしながら、今日はそういう問題を考えたいと思います。

シンガーが展開した主張は一般に動物解放論と呼ばれます。今日は、まず動物解放論以前について話します。次に、ピーター・シンガーの動物解放論についてと、動物解放論と連動する形で提示された動物権利について話します。最後に、動物解放論以後、世の中はどうなったのか、をお話していくことにしましょう。

1．動物解放論以前

●言葉の整理：飼う、飼育、かいそだてる

まず、「飼う」「飼育する」という言葉ですが、辞書にはこう書かれています。「動物に食べ物や水を与える」「食べ物や水などを与えて生命を養う」。「かいそだてる」という言葉も同じ意味で使われます。

動物を飼う目的はさまざまです。目的によって動物にはさまざまな名称が付いています。たとえばペットは愛玩動物という名称です。愛玩動物と似ているものとしてコンパニオンアニマルがあり、伴侶動物という呼び方をする場合もあります。コンパニオンアニマルとは、人間と長い間、共に暮らしてきた身近な動物、つまり家族の一員といった位置付けを持つ動物です。犬や猫を（ペットではなく）コンパニオンアニマルと呼ぶ人も欧米にはいるそうです。

そして、豚や牛、鳥は産業動物（工場畜産・ファクトリーファーム）という名称で呼ばれることもありますし、マウスやラット、モルモット、ウサギは実験動物と呼ばれます。みなさんが使う化粧品、シャンプー、口紅、さらには漂白剤、目薬などの安全性をテストするために動物が使われていることは、すでにご存じの通りです。

私たちが親しみを感じるのは展示動物、すなわち動物園や水族館にいる展示や販売の目的で飼育されている動物たちです。このように、人間の目的に応じて動物の名前は変わってくるのです。

●豚や鶏はどんなふうに育てられているか

これらのなかで、今日は、産業動物と実験動物に注目してみましょう。

京都大学の伊勢田哲治先生が書かれた『マンガで学ぶ動物倫理』（伊勢田哲治／なつたか『マンガで学ぶ動物倫理――わたしたちは動物とどうつきあえばよいのか』化学同人、2015年）という本があります。

そのなかに、父親と主人公の女子高生が会話をする場面があります。父親が「君たちだって毎日、牛や豚や鶏の肉を食べるだろう。人間が生きるために犠牲になってもらうという意味では何の違いもない」と言います。何と違いがないかというと、化粧品の安全性を確かめるために使われる実験動物とです。父親の言葉に対して、女の子は「お肉は生きるために食べないといけないもん。化粧品とは違うもん」と反論します。

すると父親は「そうか？　お前はおいしいから、好きだから食べてるんじゃないのか？　食べない選択だってできるというのに」と言う。そこで父親は同席している娘の友達にむかってこう尋ねます。「君たち、自分が食べている豚や鶏がどんなふうに育てられているか知ってるか」と。

●ピーター・シンガー

食卓で肉として供される動物たちはどのようにして育てられているのか。同じ疑問を持った一人の人物がいました。彼の名前はピーター・シンガー。1946年にオーストラリアのメルボルンに生まれた哲学者です。1975年にシンガーは『動物の解放』（原題：Animal Liberation）（戸田清訳、『動物の解放』（技術と人間、1988年）（改訂版、人文書院、2011年））という奇妙なタイトルの本を出しました。

この本のなかでシンガーは次のようなエピソードを語っています。シンガーがイギリスにいた当時、彼が動物についての研究をしていることを聞いたある奥さんが、お茶に招待してくれました。奥さんの友人で動物の本を書いた女性も招かれていて、シンガーが到着したとき、彼女はとても動物を愛していると語っていました。そして、シンガーにもどんなペットを飼っているかを尋ねました。シンガーは、自分はペットを飼っていないと答えました。すると、彼を招待した奥さんも会話に加わり、「でもあなたは動物に興味をおもちではないのですか？　シンガーさん。」と尋ねました。シンガーの答えは次のようなものでした。

> 私たちは苦しみと悲惨の防止に関心をもっているのだということを説明しようとした。私たちは恣意的な差別に反対しているのであり、ヒト以外の生物に対してであっても不必要な苦しみを与えるのはまちがっていると考えているということ。そして私たちは動物たちが人類によって、無慈悲で残酷なやり方で搾取されていると信じており、このような状況を変えたいと思っていることを話した。

(……)私たちは動物たちを「愛して」いたのではない。私たちはただ彼らがあるがままの独立した感覚をもつ存在として扱われることをのぞんでいたのだ。つまり、屠殺されて、私たちを招いた女性のサンドイッチの原材料に提供された豚のように、人間の目的の手段として扱われることはのぞんでいなかったのである。

(『動物の解放 [改訂版]』13頁)

また別の本では、「生命の神聖性」について次のように述べています。

人々はしばしば〈生命は神聖である〉と言う。しかしその人々が本気でそれを言っていることはほとんどない。その発言を文字通りにとれば〈生命それ自身が神聖である〉との意味だと考えられるが、人々はそう言おうとしているのではない。もし文字どおりの意味で語っているとするなら、豚を殺すことやキャベツを引き抜くことは、人間の殺害と同じくらいその人々にはおぞましいことであろう。〈生命は神聖である〉という時、人々が考えているのは人間の生命なのである。しかしなぜ人間の生命が特別な価値をもつべきなのだろうか?

(『実践の倫理 [新版]』101頁)

●人間中心主義

シンガーが発した、「なぜ人間の生命が特別な価値を持つべきなのか」という問いについて考えてみましょう。人類はこれまで3つの答えを与えてきました。一番古いのは宗教的な理由、2番目が自然界と物事の秩序という理由です。3番目の理由は、人間はほかの動物よりも優れているという理由です。たとえば魂や理性を持つ、言語能力を持つ、あるいは人という種はホモ・サピエンスの遺伝子を持っていて、ほかの動物と比べてより進化したものだから、という説明がなされてきました。

主としてこれら３つの理由にもとづいて、人間は自分の利益を推進するために、人間以外の動物や環境の利益や福祉を犠牲にしてきました。このような態度、価値観や実践を、哲学や倫理学では「人間中心主義」と呼ぶことがあります。

人間中心主義のルーツはどこにあるのか。ある研究者は『創世記』の一節にルーツを見いだしています。

> 神はまた言われた、「われわれのかたちに、われわれにかたどって人を造り、これに海の魚と、空の鳥と、家畜と、地のすべての獣と、地のすべての這うものとを治めさせよう」。神は自分のかたちに人を創造された。すなわち、神のかたちに創造し、男と女とに創造された。神は彼らを祝福して言われた、「生めよ、ふえよ、地に満ちよ、地を従わせよ。また海の魚と、空の鳥と、地に動くすべての生き物とを治めよ」。神はまた言われた、「わたしは全地のおもてにある種をもつすべての草と、種のある実を結ぶすべての木とをあなたがたに与える。これはあなたがたの食物となるであろう。また地のすべての獣、空のすべての鳥、地を這うすべてのもの、すなわち命あるものには、食物としてすべての青草を与える」。そのようになった。神が造ったすべての物を見られたところ、それは、はなはだ良かった。夕となり、また朝となった。第六日である。

●自然界と物事の秩序

紀元前４世紀、古代ギリシャの哲学者アリストテレスは、「自然界の秩序」という観点から、人間と動物の関係を説明しました。アリストテレスによれば、自然界は目的と手段の関係からなるヒエラルキー（階層構造）をなしています。アリストテレスは『政治学』という本のなかで次のように述べています。

植物は食料として彼ら〔動物〕のために存し、他の動物は人間のために存し、そのうち家畜は使用や食料のために、野獣はそのすべてでなくても、大部分が食料のために、またその他の補給のために、すなわち衣服やその他の道具がそれらから得られるために存するのである。（政治学、第１章７）

つまり動物は人間のための手段にすぎない、それが自然界の秩序だというわけです。アリストテレスのこのような考え方、さらには、『創世記』に見いだされるキリスト教の考え方は中世になって統合されました。中世の代表的な哲学者トマス・アクィナスは、こう述べています。

ものをそれが意図されている目的にしたがって用いることには、罪はない。さて、物事の秩序は不完全なものは、完全なもののために存在するということである」(神学大全、第Ⅱ部のⅡ・第64問題)

動物は「不完全なもの」であり、動物に比べて人間はより「完全なもの」であると考えられるので、人間のために動物は存在している。それが物事の秩序だというのです。

●動物は理性も自己意識ももたない

近代になると、動物は精神を持たない自動機械にすぎないと考えられるようになりました。当時の人びとにとって身近な「自動機械」とは、時計です。17世紀のフランスの有名な哲学者デカルトも、動物は精神がない機械であると考えていました。動物が精神をもたないと聞くと、みなさんは違和感を持つかもしれません。たとえばたたいたりすれば、動物だって痛がって鳴くではないか。それは、動物が心や感情を持っている証拠である、と。しかしデカルトによれば、動物が鳴くのはある一定の時間が来ると時計のベルが鳴ったり、アラームが鳴ったりするのと同じです。つまり物質的なものの間の一定の因果関係によって、動物が鳴くことを説明できる、というのです。

18世紀になり、理性による思考を重視する啓蒙思想が普及すると、精神を持たない動物に対して何をしても、道徳的な問題は生じないと考えられるようになりました。この時代のドイツの代表的な哲学者カントは次のように述べています。

> 理性をもたない動物は自分自身を意識していないがゆえに、すべての動物は単に手段としてだけ存在し、それ自身のために存在するのではないのに対し、人間は目的である（中略）から、われわれは動物に対して直接的には義務をもたず、むしろ、動物に対する義務は人間性に対する間接的な義務なのである。
>
> （コリンズ道徳哲学〔61〕動物と霊に対する義務について）

「手段としてだけ存在する」というのは、それ自体の価値によってではなく、人間のための手段としてだけ存在するということです。単なる手段や道具にすぎないので、動物に対しては（殺してはいけない、相手を尊重せよ等の）道徳的な義務がありません。もちろん、カントも人間が動物を虐待することは道徳的に問題があると考えていました。ただし、その理由は、動物が生きる権利や虐待されない権利を持っているからというものではなくて、動物をいじめる人は、やがては人間を虐待することになると考えたからです。つまり、動物を虐待してはいけない理由は、動物自身のためではなく、人間への虐待を防止するためです。動物に対する義務は「間接的な義務」なのです。

●動物実験の流行

啓蒙思想の時代には人間と動物の生理機能の間に類似性があることが明らかになり、動物を用いた実験が流行しました。人間と動物の類似性が注目されたからといって、動物に対する残虐な行為はなくなりませんでした。いま、さまざまな形で行われている動物実験のルーツは、啓蒙思想の時代にあると言うことができるかもしれません。

実験医学の祖と呼ばれるフランスの科学者クロード・ベルナールは、「動物について実験をする場合は、いかに動物にとって苦痛であり、また危険であろうと、人間にとって有益である限り、あくまで道徳にかなっているのである」（実験医学序説）と述べています。つまり人間にとって有益であるか、役に立つかどうかが重要であり、このような目的を実現する手段として動物を使うことは道徳や倫理にかなっているというわけです。

19世紀になると、イギリスを中心として、動物を解剖したり実験に使ったりすることに対する反対運動が展開されますが、依然として動物実験の重要性は強調され続けました。この流れは20世紀までつながります。20世紀には医学研究、新薬の試験、化粧品の毒性や安全性のテストのために動物は広く利用されるようになりました。

2．シンガーの動物解放論

動物に対する見方や態度が見直されるきっかけ、あるいはターニングポイントとなったのが「動物解放論」でした。

『ザ・ニューヨーク・レビュー・オブ・ブックス』というとても有名な文芸誌があります。この雑誌の1973年4月5日号に「Animal Liberation」というタイトルの論文が掲載されました。アメリカの人々はこの雑誌の表紙で、“Animal Liberation”（動物解放）という言葉を初めて知りました。論文の著者は、ピーター・シンガーです。シンガーは、1年後、「すべての動物は平等である」という論文を別の雑誌に発表します。さらにその翌年1975年に、著書『動物の解放』を出版しました。

『動物の解放』の第1章は、「すべての動物は平等である」と題されています。この章を読んだ読者は、“Animal Liberation”という言葉とともに、もう1つの新しい言葉を知ります。それが“Speciesism”(スピシージズム=種差別)です。シンガーによれば、「スピシーシズムは、私たちの種の成員(メンバー)に有利で、ほかの種の成員にとっては不利な偏見、ないしは偏った態度のこと」です。

「スピシージズム」という言葉は心理学者リチャード・ライダーによる造語で、現在『オックスフォード・イングリッシュ・ディクショナリー』にも載っており、「人間による一定の動物種に対する差別あるいは搾取。人類は動物よりも優れているという前提にもとづく」という説明がなされています。

●ジェレミー・ベンサム

私たち人間はほかの種を差別しているというのがピーター・シンガーの問題提起でした。ピーター・シンガーは『動物の解放』で、19世紀にイギリスで活躍した法哲学者ジェレミー・ベンサムの考えを紹介しました。

> ジェレミー・ベンサムは、次のような定式によって道徳的平等性の本質的な基礎を倫理学の体系のなかにくみこんだ。「各人は一人の人間としての価値をもっており、何人も一人分以上の価値をもっているわけではない」。いいかえれば、ある行為によって影響を受けるあらゆる個人の利益が考慮に入れられるべきであり、他のどの個人の同様な利益とも同等の重要性が与えられるべきである、ということである。(……)
>
> この平等原則が暗に示しているのは、私たちの他者への関心や、他者の利益を配慮に入れようとする意図は、「他者がどんな存在であるか、どんな能力をもっているか、といったことに依存すべきで

はない」ということである。(25-6頁)

ベンサムは、イギリスの法哲学者、言語学者、倫理学者で、主著は『道徳と立法の原理序説』です。ベンサムは1832年に亡くなっています。

物事の善悪の基準、行為が正しいか正しくないかを判定する基準についてのベンサムの考えを整理したのが、図1です。ベンサムによれば、正しい行為とは関係者の幸福の総量を最大化する行為です。

1．行為の正しさはその結果の善悪のみによって決まる	帰結主義
2．善＝幸福（快楽）、悪＝不幸（苦痛）	福利主義
3．関係者全員の幸福を単純に加算し、ランクづけする	単純加算主義
4．正しい行為＝関係者の幸福の総量を最大化する行為	最大化

図1　ベンサムの功利主義の特徴

ベンサムによれば、行為の正・不正はその行為がもたらした結果の善し悪しだけで判定することができます（帰結主義）。善い結果とは何かというと、幸福であり、さらに幸福とは何かというと快楽のことです。反対に悪は何かというと不幸、不幸とは何かというと、苦痛であると考えます（福利主義）。

具体的に例を挙げてみましょう。授業にもよい授業と悪い授業がある、と考えることにしましょう。では、よい授業と悪い授業を私たちはどのようにして判定したらよいでしょうか。ベンサム流の功利主義の考え方はとてもクリアーです。

まず、よい授業か否かは、その授業を受けた結果の善し悪しだけで決まるとします。次に、その授業を受けた結果、学生にどれだけの幸福がもたらされ、どれだけの不幸がもたらされたか。言い換えれば、授業を受けた結果、どれだけの快楽を感じ、どれだけの苦痛を感じたかを計算します。学生一人ひとりについて、快楽の量と苦痛の量を算出します。

その算出する公式をベンサムは考案しています。この計算を教室のなかにいるすべての学生に対して行うわけです。

さらに、学生全員の幸福を加算し、ランクづけします（単純加算主義)。つまり、すべての学生の快楽の量と苦痛の量をトータルします。トータルする時に、どの学部に属しているか、何年生であるか、男性であるか、女性であるかといったことは一切お構いなく、つまり重み付けやウエートを付けることなく、単純に加算していきます。最後に、学生の幸福の総量が最大になる授業は正しい授業、よい授業であると判定するのです。

ベンサム流の功利主義の利点は何でしょう。それは、２つ以上の授業の優劣を比較できることです。履修情報誌『リシュルート』や授業評価掲示板サイト「みんなのキャンパス」などに頼らずに、より客観的な評価を下すことができます。

さて、ピーター・シンガーが注目したのは、ベンサムが関係者全員の幸福を単純に加算しているという点、つまり平等に扱うことでした。もう１つは幸福や快楽に着目している点でした。

> 多くの哲学者や著述家たちが、基本的な道徳原理として何らかの形で利益に対する同等の配慮という原則を提唱してきた。しかしこの原則が私たちの種に対してと同様に、他の種の成員にも適用されるということを認識した人は多くはなかった。ジェレミー・ベンサムは、このことを認識した少数者の一人である。(……）ベンサムは次のように述べている。
>
> > 人間以外の動物たちが、暴政の手によっておしとどめることのできない諸権利を獲得する時がいつか来るかもしれない。皮膚の色が黒いからといって、ある人間には何らの代償も与えな

いで、気まぐれに苦しみを与えてよいということにはならない。フランス人たちはすでにこのことに気づいていた。同様に、いつの日か、足の本数や皮膚の毛深さがどうであるから、あるいは仙骨の末端がどうであるからというので、ある感覚をもった生き物をひどい目に合わせてよいということにはならないということが認識される時が来るかもしれない。いったいどこで越えられない一線を引くことができるのだろうか？　分別をもっておることだろうか、それともおそらく演説する能力だろうか？（……）問題となるのは、理性を働かせることができるかどうか、とか、話すことができるか、ではなくて、苦しむことができるかどうかということなのである。(28頁)

動物に対してひどい扱いをする人は、その理由を、動物に比べて人間は優れているからと説明します。優れている点を説明する時には、脚の本数や皮膚の毛深さや、しっぽの有無を挙げるわけです。しかし、上の文章（「人間以外の動物たちが……」以降）の中でベンサムは、そうした事実は動物に対するひどい扱いを正当化する根拠にはならないと言っている。動物も含めたすべての存在の間に「越えられない一線」を引くことができるとしたら、その一線は、理性や話すことができるというところではなく、苦しむことができるかどうかで引くべきである。なぜ「苦しむことができるかどうか」が重要なのかというと、道徳や倫理を考える時の基礎になるのは快楽や幸福であると、ベンサムが考えるからです。そして、シンガーも同じように考えているのです。

●平等原則

シンガーはベンサムの考え方を次のように要約しています。

この文章の中でベンサムは、平等な配慮を受ける権利を当事者に付与する決定的に重要な特質として、苦しむ能力をあげている。(……) 苦しんだり楽しんだりする能力は、いやしくも利害をもつための前提なのであり、私たちがその利益を語ることが意味をなすためにみたさなければならない条件なのである。(……)

もしもある当事者が苦しむならば、その苦しみを考慮に入れることを拒否することは、道徳的に正当化できない。当事者がどんな生きものであろうと、平等の原則は、その苦しみが他の生きものの同様な苦しみと同等に——大ざっぱな苦しみの比較が成り立ちうる限りにおいて——考慮を当てられることを要求するのである。(……) だから、感覚 (sentience) をもつということ (苦しんだりよろこびを享受したりする能力を厳密に表す簡潔な表現とはいえないかもしれないが、便宜上この感覚ということばを使う) は、その生きものの利益を考慮するかどうかについての、唯一の妥当な判定基準である。(28-30頁)

みなさんは、犬や猫が虐待されているのを目にした時に、その犬や猫に対して「かわいそうだ」という感情を持つでしょう。どうしてかわいそうなのでしょうか。「かわいそうである」という感情が何に由来しているのかをさらに掘り下げてみましょう。

シンガーやベンサムによれば、苦しむことは (犬や猫が) 利害を持つための前提であり、彼らの利害は人間と同じように平等に配慮しなければならない。同じ生きものなのに動物の利害にだけ配慮しないことは間違っているという倫理的判断が、「かわいそうだ」という感情のなかに含まれていると考えることもできます。

他方で、「だから、感覚 (sentience) をもつことは、その生き物の利益を考慮するかどうかについての唯一の妥当な判定基準である」という文には、もう1つの意味が隠れています。それは、感覚を持たない存在については利害を考慮する必要はない、ということです。

たとえば、道端に転がっている石を蹴飛ばそうが、その石を橋の上から落とそうが、これらの行為は道徳や倫理とは関係ありません。なぜなら石には苦しむ能力や感覚がないからです。感覚や苦しむ能力がなければ、石の利害に配慮する必要はありません。利害に配慮する必要がなければ、物事の善悪も倫理も問題にならない。そういう意味がここには隠れています。

シンガーによれば、もしも動物が人間と同じように苦しむ能力や感覚を持つとすれば、彼らの利害に配慮しないのは道徳的に不正なことである。人間に対しては行わないのに、動物に対しては一方的にひどいことを行うこと、言い換えれば、種が違うというだけで人間と違う扱いをしているとすれば、それはいわれなき差別です。シンガーは、このような差別を「種差別」(スピシージズム) と呼んだのです。

●動物実験

シンガーは私たちが実践しているスピシージズムの慣行として、2つの例を挙げます。それは、動物実験と工場畜産です。

動物実験については、毎年、数百万頭もの動物が使用されるという毒性試験を取り上げています。毒性試験は「ある化学物質がどれだけ有害であるかをしらべるために」行われます。なかでも最もよく知られている急性毒性試験がLD50 (リーサルドーズ50) です。LD50は「50% (半数) 致死量」ということです。

実験動物の半数が死ぬまで試験物質を与え続け、50%が死んだところで、その量を致死量とみなす。その動物と人間の体重比を考え、動物の致死量に体重比を掛けて、人間の致死量を算出します。薬品には危険な量や致死量が必ずありますが、それらを人間でテストするわけにはいかないので、動物を使って算出します。

もう1つは動物の眼を使って行われる試験です。化粧品やシャンプー、

図2　ドレイズテスト
(ⓒBrian Gunn / IAAPEA)

口紅、目薬、漂白剤などの毒性を調べるために動物を使って試験します。代表的なものはドレイズテスト（図2）と呼ばれるものです。ドレイズテストで使われるのはウサギです。

ドレイズテストでは、ウサギは保定装置に入れられ、頭のみが突き出たかっこうになります。「これにより動物が眼を引っかいたり、こすったりすること」が妨げられます。次に、漂白剤やシャンプー、インク（になる試験物質）をウサギの目の1つに入れます。「下の眼瞼（まぶた）を引き出して、そこに出来た小さな「くぼみ」にその物質を入れる。それから眼を閉じさせた状態に保つ。(……) ウサギを毎日観察して、眼の腫れ、潰瘍、感染、出血を調べる」のです。

2つある眼のうち一方だけに試験物質を入れて、もう片方には何もしないのは、比較ができるからです。安全性と毒性を調べるテストですから、最初から安全なものはなく、たいていはウサギの眼に深刻なダメージを与えます。ウサギは苦しむと思いますが、眼を爪で引っかくことも、逃れることもできません。実験動物としてウサギが選ばれる理由は、ウサギはおとなしくて、目が大きくて、あまり鳴かないからです。

米国の人々が動物実験に関心を持つきっかけになったものとして、1987年に公開された映画『飛べ、バージル / プロジェクト X』があります。この映画では、軍事目的からチンパンジーに大量の放射線を浴びせる実験が行われています。これは実際に行われた実験だそうです。

このような実験が行われた背景には、アメリカとソビエトの間の冷戦状態がありました。もしも核戦争になり、核爆弾が使用されたとき、パイロットはどれだけの時間飛び続けることができ、どれだけの被害を受けるのかを検証するために実験は計画されました。実際に核爆弾を爆発させて、人間を飛ばすわけにはいかないので、実験室でチンパンジーを使うわけです。映画では、フライトシミュレーターにチンパンジーを乗せて操縦させ、大量の放射線を浴びせるという実験が行われました。

このように動物実験は、私たちの日常生活の中に普及しているもの以外にも、さまざまな目的からも行われてきました。

●工場畜産

ピーター・シンガーがスピシージズムのもう１つの例として挙げているのは工場畜産です。工場畜産とは、物を生産するように、豚や牛や鶏を食料として飼育することです。

シンガーは『動物の解放』のなかで、工場畜産を次のように説明しています。

> ほとんどの人にとって、とくに現代の都市や郊外に住む人びとにとって、ヒト以外の動物とのもっとも直接的な形での接触が行われるのは、食事のときである。すなわち私たちは動物の肉を食べるのである。この単純な事実は、他の動物に対する私たちの態度を理解する手がかりであり、また私たち一人ひとりがこの態度を変えるために何ができるかということについての手がかりでもある。(127頁)

みなさんは食卓に料理としてでてくる肉が、どのようにしてやって来たのかご存じでしょうか。「そんなことはよく知っている。スーパーに並んでいるのをお母さんが買ってきた」と言うと思いますが、では、スーパーに並ぶ前に、動物はどのようにして飼育され、殺され、1つの肉の塊になったのか。その間、どれほど不快な環境で育てられ、どれだけの苦しみを味わったのか。シンガーはこれらのことに関心を持つのです。犬や猫を棒でたたいたり殴ったりする。これは明らかに動物虐待ですが、もっと大規模な虐待を私たちは気づかずに行っている。「食用として飼育される動物の利用（use）と酷使（abuse）は、問題となる動物の数において、他のいかなる種類の動物虐待をもはるかに凌駕する」（127頁）とシンガーは述べています。

たしかに肉がどのようにして食卓までやって来るのかについて、私たちはあまり知りません。たとえば『いのちの食べかた』（原題 OUR DAILY BREAD）という映画をご覧になった方はいるでしょうか？原題は「日々の糧」という意味で、『聖書』のなかの言葉です。『いのちの食べかた』は主としてヨーロッパを舞台にして、肉や野菜がどのようにして栽培・生産され、採取されるかを描いています。せりふが一切ない、奇妙な映画です。ひたすらたんたんと動物が飼育され、殺される場面を映しています。映画を見たり本を読んだりする機会がなければ、事実を知ることはないかもしれません。「私たちが店やレストランで肉を買うのは、長いプロセスの頂点であって、そのプロセスは最終製品を除く全段階が、細心の注意を払って私たちの目から隠されているのである」（『動物の解放』127頁）。

ちなみに、シンガーは肉を食べません。彼はベジタリアンです。その理由は哲学的・思想的な理由です。功利主義者だから、肉を食べないのです。

●奴隷解放宣言

シンガーは、動物の解放が、黒人解放運動や女性解放運動の延長線上にあるものだと述べます。これらの解放運動は人権や権利という言葉とともに語られることがあります。つまり、解放運動の歴史は、それまで権利を持たなかったものが、時代とともに権利を持つようになった歴史としてとらえ直すことができます。

たとえば、奴隷解放宣言以前、奴隷は「人間」扱いされていませんでした。つまり権利の担い手とはみなされなかった。しかし、1863年の解放宣言によって、奴隷たちも権利の担い手のグループのなかに入ったのです。

同じように1920年に女性も権利の担い手のグループへ入りました。その後、インディアン（先住民族）が、労働者が、そして公民権運動によって黒人が、権利の担い手の中に組み込まれていった。人権や権利という概念は時代とともに拡大していったのです。

1970年代から80年代になると、このまま権利概念の拡大が進めば、権利を持たなかった動物も権利を持つことができるようになるのではないかと考えられるようになりました。「動物にも権利を」という主張の後押しをしたのが、動物解放論だったのです。

3．動物に権利はあるか？

人間に権利があるということについては、ある程度イメージすることができます。しかし、動物の権利（動物権）とはいったい何でしょうか。

ワシントン大学のデヴィッド・ドゥグラツィアは、『動物の権利』という動物倫理の優れた入門書のなかで、動物の権利を３つの意味に分類しています。

第一に、動物が権利を持つとは、動物が「道徳的地位」を持つという意味です。動物が道徳的地位をもつとは、動物が人間との関係においてではなく、「それ自身の道徳的な資格において道徳的な重要性を持っている」（『動物の権利』19頁）ということです。この立場では、「動物は人間が利用するためだけに存在しているのではないから、彼ら自身の資格において、よい扱いを受けるべきだ」と考えます。長期的に見ると人間を虐待する可能性を高めるから、動物を虐待すべきでないと主張する人がいるとしましょう。この人は、人間に不利益をもたらすから動物を虐待してはいけないと考えていることになります。これに対して、「道徳的地位」の立場に立つ人は、そのような可能性が低いことが明らかであっても、動物虐待を行ってはならないと考えます。

第二は、シンガーの言うような「平等な配慮」という意味です。動物が人間と平等な配慮に値するということです。この立場では、「われわれは人間と動物の比較可能な利害に同等の重要性を与えなければならない。たとえば、動物の苦しみは人間の苦しみと同じぐらい重大である」（前掲書29頁）と考えます。平等な配慮は、道徳的地位に比べてより強い意味で動物の権利を主張していると言えます。ただし、動物が平等な配慮に値するためには、「苦痛を感じる」能力をもっていなければなりません。

しかし、平等な配慮の立場から「動物を食べてはいけない」という結論が必ず出て来るとは限りません。『生命倫理百科事典』のなかでは、シンガーの主張の問題点がこんなふうに要約されています。

> シンガーは菜食主義を精力的に擁護する。しかし皮肉なことに、シンガーのベンサム流の動物福祉の倫理は、人間の食事の好みを満たすために、動物を安楽さのなかで飼育し、苦痛を伴わずに屠殺するということを非難するための力をほとんど持たない。事実、シンガーの前提からは、人間の消費のために飼育された動物が、短い生の間に苦痛よりも快楽のより大きな収支を経験するならば、人々は肉を食べることに対して積極的な道徳的責務を持っている、ということさえ引き出されうる。(687頁)

ベンサムとシンガーの理論では、正しい行為とは功利性（関係者の幸福の総量）を最大化する行為です。この考え方には、全体の幸福の最大化のために一部の関係者の利益が犠牲にされるという危険性が含まれています。動物の飼育環境が安楽であり、苦痛なしに殺すことができるとしましょう。このとき、動物を含めたあらゆる関係者の幸福が最大化される行為を正しいと考えるならば、この前提から導き出される結論は、肉を食べるべきだ、です。となると、動物の権利を重要視する人にとっては、第二の意味での権利ではまだ不十分であるということになります。

第三は、「功利性を乗り越える意味」です。「人間と同様に、動物にも社会の功利性を最大化するためであっても無視してはいけない、ある種の重要な利害がある」ということです。この立場では、たとえ動物の利益を保護することが社会全体に不利益を生じさせるとしても、動物の権利は絶対的に保護しなければならないと考えます。この意味での権利は、もっとも強い意味で動物の権利を主張していると言うことができます。

●レーガン「動物の権利の擁護」

第三の意味での権利を動物にも認めるべきだと主張する人に、トム・レーガンがいます。レーガンの主張は、功利主義にではなく権利論にもとづいています。レーガンは、1983年に出した『動物の権利の擁護』という本のなかで、およそ次のような主張を展開しています。固有の価値とは、手段としてではなく、それ自体として価値を持つということである。ある存在が生命の主体であるならば、そのものは固有の価値を持つ。固有の価値を持つすべての個体は、尊敬をもって扱われるべき権利を持っている。

ある存在が「生命の主体である」かは、一定の能力を持っているかどうかで決まります。その能力とは、確信や欲求を持つこと、知覚や記憶や、自分の将来を含めて将来の感覚を持つこと、快苦の感覚を含む情緒的な生活を持つこと、自己同一性、他人から独立した幸福を持つことなどです。

レーガンによれば、１歳以上の哺乳類動物はこのような能力を持っており、生命の主体です。したがって、１歳以上の牛、豚や鶏を食料にしたり、研究の手段にしたりすることは、彼らの固有の価値を無視し「尊敬をもって扱われるべき権利」を侵害していることになります。

４．動物解放論以後

ピーター・シンガーの動物解放論は、動物に権利があるかという議論に一石を投じました。その後、動物解放論はどのように展開していったのでしょうか。

２で紹介した『ザ・ニューヨーク・レビュー・オブ・ブックス』の2003年５月15日号に、シンガーは、「Animal Liberation at 30」（動物解放の30年）という論文を寄稿しました。

シンガーはそのなかでこう述べています。

> 動物の道徳的地位をめぐる現在の論争と30年前の論争のもっとも明白な違いは、1970年代初頭には、今日ではほとんど信じがたいほどに、個々の動物の扱いが真剣に語るに値する倫理的争点を提起すると考える人はほとんどいなかったという点である。動物の権利あるいは動物解放のための組織はなかった。動物福祉は猫と犬の愛好者の問題であり、書くべきもっと重要なテーマをもっている人びとに無視された。（……）
>
> 今日では状況は違っている。動物に対する私たちの扱いの問題はしばしばニュースになる。動物の権利についての組織はすべての先進工業国において活発である。（……）動物実験と他の形態の動物虐待において重要な変化が起こった。欧州では産業界全体が家畜福祉への市民の関心ゆえに変わりつつある。
>
> （動物解放の30年、『動物の解放［改訂版］』付録１、322-３頁、335頁）

30年前は動物に対する虐待や動物を食べることについて疑問を持つ人はほとんどいなかった。しかし、現在は違うというのです。

動物実験を行う科学界でも変化が起こりました。たとえば「医学生物学領域の動物実験に対する国際原則」というガイドラインが1985年に公表されました。そこでは、「人間に対する処置の影響を予測するために動物を使用する場合は、それらの動物の福祉に対する責任が課せられる」と述べられています。つまり動物実験をするのであれば、動物の福祉を考えろという意味です。

どのようにしたら動物の福祉を考えたことになるのでしょうか。ガイドラインでは、動物の福祉を保護するための原則として、3つのRを中核とする11の基本原則が提示されました。「3つのR」とは、"Replacement"（置換：科学上の利用の目的を達することができる範囲において、できる限り動物を供する方法に代わり得るものを利用すること）、"Reduction"（削減：科学上の利用の目的を達することができる範囲において、できる限りその利用に供される動物の数を少なくすること）、"Refinement"（洗練：その利用に必要な限度において、その動物に苦痛を与えない方法によってすること）の3つの英語の頭文字を取ったものです。

産業界にも目を転じてみましょう。2010年5月29日付読売新聞の夕刊に「動物実験廃止の動き――伊藤園は4月で、資生堂は2013年の3月まで」という記事が載りました。背景には、欧米で展開された動物愛護運動に対する配慮があります。動物愛護団体の批判を受けて、企業は動物実験を廃止したり自粛したりする傾向にあります。先に紹介したドレイズテストをいまだにやっている企業はほとんどありません。

動物福祉の流れがいかに強いかを示す事例をひとつ挙げます。スペインというと、すぐに念頭に浮かぶのが闘牛ですが、カタルーニャ州の議会で闘牛の禁止法が可決されたのも、同じく2010年のことでした。

5．全体のまとめ

人類の歴史においてこれまで、人間が動物を支配し、動物は人間にとっての手段的な価値しか持たないと考えられてきました。動物に対するこのような態度あるいは見方を、人間中心主義という名前で呼ぶことができます。

ところが、食料にするために動物を飼育したり、動物を実験に使用したりすることは種差別である、とピーター・シンガーは批判しました。「種差別」をキーワードにして展開された動物解放論では、平等の原則を（人間の間だけでなく）動物にも適用すべきだという考え方が示されました。人間の社会ではほとんどすべての人が平等原則を支持しています。この道徳原理を人間以外の種にまで適用しろ、とシンガーは主張しました。苦しみを感じる能力を持つという限定条件つきとはいえ、動物の利益を人間と平等に配慮すべきであるというのです。

今回の授業では、産業動物と実験動物にフォーカスを当てて、動物を飼うとはどういうことなのかという問題に哲学や倫理学の観点からアプローチしてみました。これら以外にも人間は、さまざまな目的から動物を飼います。どのような目的であれ、「飼う」という行為の前提には、私たちが気づかないうちに受け入れ当たり前のものになってしまった見方や態度があります。動物に対する私たちの見方や態度を反省してみよう――これが哲学や倫理学の視点です。

ピーター・シンガーは『動物の解放』の最後でこう言っています。

> 私たちは……利己的な暴君だということを証明するであろうか？それとも、……人間の支配下にある生物種に対する無慈悲な搾取を終わらせることで、純粋な利他主義を発揮する能力を証明するであろうか？
>
> 私たちがこの問いに対してどんな答えを与えるかということは、

> 私たち一人一人が個人としてどう答えるかということにかかっているのである。(313頁)

動物に対して暴君であり続けるべきか、それとも利他主義者であるべきか。みなさんの一人ひとりがこの問いにどう答えるかが、動物を飼うことの哲学・倫理学的問題だということです。動物を飼うことは私たちの生き方の問題でもある。すなわち、私たちはどのような人間であるべきか、どのように生きるべきかという問題なのです。

Ⅳ
人が人を飼う

古代ローマの奴隷

境遇の多様性と複雑性

大谷　哲

（おおたに　さとし）東海大学文学部特任講師（2018年４月より）。1980年生まれ、東北大学大学院文学研究科博士後期課程修了。専門は、古代ローマ史。訳書に、ロバート・ルイス・ウィルケン著、大谷哲ほか訳『キリスト教一千年史（上下巻）』（白水社、2016年）がある。

大谷哲です。歴史学者として古代ローマ史、とくに初期キリスト教の研究をしています。より具体的には、古代に書かれた歴史書や、同時代人同士の間で交わされた書簡の端々から、古代人が表向きに表明したことの裏にある現実の人々の生活や、物の考え方を再構成することが私の課題です。

とつぜんですが、みなさんは奴隷を持っていたことがありますか。ない、はずです。少なくとも、奴隷があってよい存在だとは思っていないはずです。しかし、私の専門としている古代ローマ帝国という、いまから約1500年前におおむね滅びたとされている国では、奴隷は当然の存在でした。今日は、この古代ローマの奴隷についてお話します。

古代ローマ帝国に成立していた奴隷制社会とはどのようなものだったのでしょうか。その特徴である奴隷の境遇はどのようなものだったのか。その実像と、ローマ人たちの奴隷に対する思想や心のあり方を、おもに文書史料に基づいて読み解いていきたいと思います。

人が人を飼うかのように扱うこととはどういうことなのか。それを考えてみることは、有益で重要な思考実験になります。こうして他者を飼育することを考えることは、裏返してみれば、人間を人間として扱うとはいったいどういうことなのかという問題まで射程に入れて考える機会になるからです。できれば、そこまでみなさんの思考も伸ばしていただければと思います。どうぞお付き合いください。

1．ローマ帝国とは

まず確認しましょう。話の舞台となるローマ帝国はいったいどのようなところであるのか。大まかにその歴史をまとめると、紀元前８世紀につくられたとされる都市国家ローマが、イタリア半島、地中海世界へ支配領域を拡大し、紀元前１世紀から紀元後４世紀まで地中海沿岸一帯、ヨーロッパ、北アフリカ、中東一部を含む地域を支配しました。395年に東西分裂し、西帝国は476年、東帝国は1543年に滅びたとされています。みなさんのなかには、「高校世界史で聞いたことがあるな」「憎き受験勉強で何度も聞かされたな」などといったことを思う人もいるかもしれません。

一般にローマ帝国は、２世紀の皇帝トラヤヌスの治世に領土が最大になったとされています。じつは諸説あって、３世紀のセプティミウス・セウェルスの時代の領土の方が大きかったというような考え方もありますが、いずれにしてもローマ帝国という国がどれだけ巨大な領域を持った国だったのか、なんとなくイメージしていただければと思います。

イメージを持つのに一番簡単なのが、ローマ帝国のかつての領土を現在の国名で表すことです。北はブリテンから南はエジプトまで広がっているその領域を現在の国名で表すと、イングランド、フランス、ベルギー、スペイン、オランダ、ドイツ、イタリアなど約50～60の国をあげることができます。ローマ帝国は、これらすべてにまたがる偉大な帝国だったのです。

●ローマの市民社会は圧倒的階層社会

そのような広大な領域にまたがったローマ帝国ですが、じつはローマ帝国の住民の大部分は「ローマ人」と呼ばれることはありませんでした。彼ら、彼女らの大半は、ローマに支配されているだけの人です。

「ローマ人」とは限られた人たちのことでした。それは「ローマ市民権」という権利を持っている人たちと端的に定義することができます。ローマ市民権が与えられる条件もまた簡潔です。第一に両親がローマ人である人、第二にローマ人に奴隷として用いられていて、そのローマ人から解放された、すなわち自由の身分を与えられた奴隷とその子孫であることです。また、ローマの補助軍に仕え20年勤続して退役した兵士にもローマ市民権が与えられました。

史料にその市民権を持つ人の総数が出てくることはなかなかありませんが、たとえば、紀元前28年にアウグストゥス帝と呼ばれる初代の皇帝が記した業績録によれば、ローマ市民権の保持者は約400万人、あるいは紀元後47年にタキトゥスという人物がクラウディウス帝の時代のこととして記した『年代記』によると600万人弱といわれています。これ以後はローマ市民の数は大きく増えたり減ったりすることはなかったと言われています。少し事情が異なるのが、全自由人に市民権を与えたカラカラ帝（在位209-217年）の以降時代です。基本的には、帝国の全人口が6,000万人いるなかで、カラカラ以前のローマ市民権者は約600万人だと推計されています。

いま、私は推計と言いましたが、古代の史料から、正確な人口数や、その人口のなかでの市民権の保持者数を明らかにすることは極めて困難です。あくまでも推測に推測を重ねた上で、「多くの研究者が、そのくらいだったら認めてやろうと合意している。と言えるかな？」というくらいの数でしかありません。いま、私がみなさんに心に留めていただきたいのは、市民権の保持者数それ自体ではなくて、このローマ帝国に住

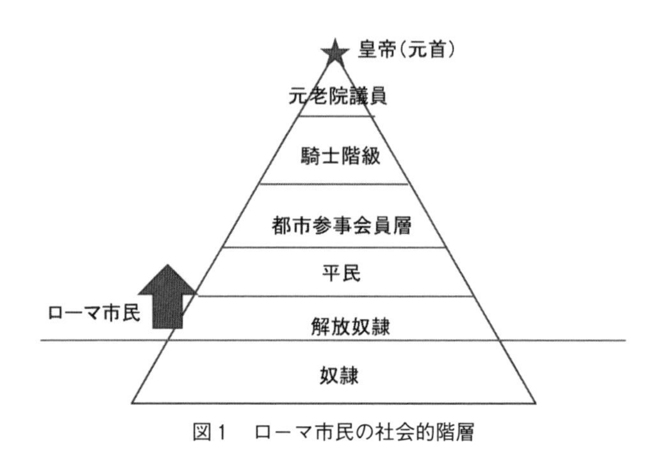

図１　ローマ市民の社会的階層

んでいる大多数の住民は、ローマに支配されている属州の市民か、あるいは奴隷だということです。

ローマ市民社会は、圧倒的に階層社会でした。ローマ社会の階層を模式的に表したのが図１です。この階層にはもちろん流動性があります。奴隷が解放されて解放奴隷になったらローマ市民権を得ることは先ほどお話ししました。この階層社会のなかで、奴隷と解放奴隷の間にある線より上がローマ市民、すなわちローマの市民権を持っている人だと認められます。

しかし、その市民の内訳を見ても、平民、都市参事会員層、騎士階級、元老院議員、そしてその頂点に皇帝、あるいは元首と呼ばれる人たちがいて、上下関係がきっちり決まっている社会だったのです。ただし、その上下関係の枠を超えることもありました。たとえば、一方では、奴隷が解放されて市民になり地位を上昇させていくこともあれば、他方では没落していく人たちもいたのです。

そういうわけで、ローマ社会は奴隷制に支えられている文明でした。先ほどローマ全体の住民が約6,000万人と推計されると言いました。この帝国全人口のおよそ8分の1、イタリア半島内に限れば4分の1、100万人と推計されている首都ローマの人口の3分の1が奴隷であったと推計されています。これらの奴隷がいなければ、ローマ帝国はまったく機能しなかったと言っても過言ではありません。

2．ローマにおける奴隷の境遇

その奴隷がいったいどのようにして生きていたか、できるだけローマ時代の史料に即して見ていきたいと思います。

まず、ローマにおける奴隷の境遇を端的に表していると思われる史料を1つ引用します。アプレイウスの『黄金のロバ』と呼ばれる古代の小説の一部です。

> ああ、神も御照覧あれ、ここの奴隷たちはみんな何という哀れな姿をしているのでしょう。皮膚一面にわたって鉛色の鞭跡が、縞模様につき、彼等のまとっているつぎはぎだらけのボロ着は、アザのできた背中を、隠しているというよりもむしろそれを一層、陰鬱に見せていました。なかには前の部分をほんの少し申し訳程度布で隠していましたが、大抵のものは、隙間から体がみんな覗いて見えるようなボロをまとっているだけでした。額に文字を焼き付けられ、髪は半分剃り落され、足には枷をはめられていました。全身が土色になって見るからに身震いを覚えるほどで、まぶたは熱気を帯びた黒い煙に焼けただれ、目はほとんど視力を失い、それに粉埃を浴びて、正に白粉を撒いて戦う拳闘士よろしく、白っぽく汚れていました。
> （アプレイウス『黄金のロバ』呉茂一・国原吉之助訳、岩波書店、1957年、下巻76-77頁）

引用したのは、紀元後2世紀の小説家アプレイウスが、粉引き場で酷

図2　パン屋の仕事場（ローマ市、エウリュサケスの墓の浮き彫り）

使されている奴隷たちの姿を描いた描写です。図2は、現在のイタリア・ローマ市の市壁外側に位置しているエウリュサケスの墓の浮き彫りです。エウリュサケスはパン屋として大もうけした人物で、自らの巨大な墓にそのパン屋の仕事場の風景を刻みました。小さくて分かりづらいかもしれませんが、中央部分に石臼があって、それをロバと人間が回しているのが分かるでしょうか。エウリュサケスは自分が作り出したこの労働環境を、なるべく理想的な職場のように描きたかったとは思うのですが、先ほど引用した文章と同じく、奴隷がロバと同じく劣悪な環境で力仕事をさせられていることが明らかです。

もう1つ、ローマにおける奴隷の境遇をまた端的に表している史料があります。

> まだメネラオスが話しているうちに、トリマルキオンは指をパチッと鳴らした。その合図で、宦官が遊んでいる主人に尿瓶を差し出した。彼は膀胱を軽くすると、手洗い水を要求した。そして少し水をかけた指を少年奴隷の髪でふいた。（ペトロニウス『サテュリコン』国原吉之助訳、岩波書店、1991年、51頁）

いったい何を言っているのかと不思議に思う方もいらっしゃるかもしれません。古代ローマにおいては、とくに金持ちの家では、ひとりの奴隷に１つの役割だけを与えることがステータスでした。つまり、それだけ大人数の奴隷をむだに抱えておけるという財力を表すからです。そして、ここで言及されている少年奴隷は、髪を長く伸ばし、主人が宴会の際に手を洗ったら、その長い髪を生きたタオル代わりにするために突っ立っているのだけが仕事というわけです。私はこの史料を読んだ時に、髪で手がふけるのかと疑問に思って、髪の長い後輩の女性に訊いたら、「確かにトイレで手を洗った後、前髪なんかをいじっているとあっという間に指の水分は持っていかれますね」と貴重な証言を受けました。なるほど、ローマ人もある程度合理的なのかなと思いましたが……、いや、そういうことではありませんね。

さて、もう一例を同じ作品からひきます。

> ……食堂に入ろうとしたとき、この役だけのために配置されていた少年奴隷の一人が、『右足から先に』と叫んだ。（同上、47頁）

べつにこれはローマ人が縁起を担いでいるとか、敷居をまたぐ際の礼儀に厳しいというわけではなくて、先ほどの例と同じく、この金持ちの家では客が食堂に入るときに右足から入ってほしいと伝える役割のためだけに奴隷がひとり配置されて、ひたすら人が通る時に「右足を先に」と言うのが仕事であったということです。金持ちのむだ遣いぶりを誇示するために使われている奴隷の存在を示しているのです。どちらも１世紀のペトロニウスという人が書いた『サテュリコン』という作品のなかに現れます。

このペトロニウスは１世紀に生きた貴族であり、文筆家でした。この『サテュリコン』は小説として位置づけたほうがよい作品ではありますが、おそらくはペトロニウスが目撃したさまざまなローマの金持ちたちが、そのような奴隷の使い方をしていたからこそ発想された描写だったのでしょう。

紀元後２世紀に作成されたといわれている、チュニジアのドゥッガから発掘されたモザイクにも給仕をする奴隷たちが描かれています。タオルを差し出す奴隷、お酒をつぐ奴隷、お酒のつぼを抱えている奴隷、そして客に花を差し出す奴隷が描かれています。このように奴隷を１つの役割だけに使うことが、それだけ奴隷をむだに多く抱えておける金持ちの富と力を誇示する手段となっていたことを表しています。

●ローマ人にとっての奴隷のイメージ

いま、奴隷の境遇の例をふたつほど挙げました。ラバやロバのような駄獣と同じく過酷な労働に従事させられる者、あるいは労働内容自体はそれほど過酷かどうか分かりませんが、まったくもって金持ちのむだな力を見せつけるためだけに用いられる奴隷――そういった人たちに対して、ローマ人はどのようなイメージを持っていたのか、あるいは、感覚を持っていたのかも探ってみたいと思います。

紀元後１世紀の末から２世紀の初頭に執筆活動をしたプルタルコスは、カトーという、紀元前３世紀から２世紀に活躍した、ローマ人のなかでも非常に尊敬される人士について描いた伝記のなかで、奴隷に対する彼の態度を以下のように記しています。

> ［カトーは］1500ドラクメ以上の奴隷は買ったことがなかったが、彼によれば必要なのは柔弱だったり美しい奴隷ではなくて馬丁や牛追いのように、仕事に精を出すがっちりした奴隷であった。しかもかような奴隷でも年を取り過ぎたら売り払うべきで役に立たぬ者を養っていくべきではないと考えていた。（プルタルコス『カトー伝』（「英雄伝」）村川堅太郎訳、筑摩書房、1996年、261頁）

カトーは、ローマ人のいわゆる倫理的な価値観を体現した人物として、後々の時代にまで称賛される人物です。そして、そんな彼が取った奴隷に対する態度は、奴隷というのはまったく人格的に扱うわけでもなく、また、先ほどのトリマルキオンのような金持ちのように力の見せつけのために用いるものでもなく、あくまでただの労働力として見なすべきものであったとされました。

しかし、想像していただけると思いますが、ローマ人にとっての奴隷という存在はそれだけではもちろんありません。小プリニウスという2世紀の貴族であり、元老院階級にも属しており、そして文筆家として、あるいは法律家として有名だった人物は、書簡のなかでこのように証言しています。

> 私の家族の者（奴隷）が病気にかかり、死亡さえしてしかも若者たちなのでたいそう心を痛めています。……他の人は、このような奴隷の不幸を、単に金銭上の損害と呼んでその他のことは考えず、それでもって、自分たちは偉くて賢いと思っていることも私は知っています。彼らは賢くて偉いかも知れませんが、人間ではありません。
> （プリニウス『書簡集』国原吉之助訳、講談社、1999年、320-21頁）

小プリニウスは、この奴隷たちが若くして病気で死んでしまうことを嘆き悲しむあまり、彼らが死ぬ直前にその身分を奴隷から解放し、また、実際には奴隷には与えられていなかった遺言を残す権利をできるだけ守ってやろうとしたと、友人にあてる手紙のなかで書いています。奴隷に対して優しく、ラテン語でいう「フマニタス（人間愛）」を示すことによって、私の家のなかの家族とも言うべき奴隷を失った悲しみが少しは慰められるからだと。

しかし、同時に彼は「そのようなことは愚かなことだ」とも言っています。奴隷が亡くなるということは金銭上の損害にすぎないという、ほかのローマ人たちの存在もまた前提として語っていることも明らかです。

このようにプリニウスが述べる、あたかも家族の一員であるかのような奴隷観を、一部のローマ人は確かに持ったかもしれませんが、それは、ほかのローマ人たちにとっては奇妙で、あるいは愚かで稀なことにすぎませんでした。しかし、そういったローマ人が存在していたことも厳然たる事実です。

次の例を挙げましょう。今度はかつて奴隷であり、いまは自由の身分を手に入れた立場の人物が思い出のように述懐する文章を抜きだしてみます。

> アシアから来たとき、わしはこの燭台ぐらいの背丈だった……ともかくどうにか14年間、ずっと主人のお気に入りだった。主人の言いなりになったことを恥とは思っとらん。だが、おかみさんの方も十分に満足させてやっていたのだ。わしが言いたいことはみんなもわかっとるだろう。(ペトロニウス『サテュリコン』国原吉之助訳、岩波書店、1991年、137頁)

これは先ほども引用したペトロニウスの『サテュリコン』という作品のなかの、トリマルキオンという人物のセリフです。先の引用で見たように、トリマルキオンはかつて奴隷でしたが、いまは大金持ちになっており、多くの客人を自分の邸宅に招いては、ひとりの奴隷に「右足から先に食堂に入れ」とだけひたすら言わせたり、あるいは水で洗った手をタオル代わりにふかせるために、長く伸ばした髪をただ垂らしているためだけの奴隷を持っていたりしています。そういった人物が、自分が奴隷からいったいどうやってのし上がってきたのかを述懐しているわけです。

トリマルキオンは男性ですが、同じく男性である主人の性的な搾取の対象として14年間を過ごし、その性的な奉仕によっていまの力をつかみ取り、さらに男性である主人だけでなく、その夫人の相手もしていたのだと言っています。トリマルキオンが自らの14年間を恥だと思っていないというのが本音であるのか、強がりであるのか、はたまた、当時のローマ人や当時のローマの奴隷たちにとって当然のことであって、いちいち騒ぎ立てるほどのことではなかったのかどうか、私たちが窺い知るには、この史料だけではいささか不十分です。なぜなら、史料から人間の心のなかまで完全に読み取ることはどうしても難しいからです。しかし、この点は後でもう少し掘り下げてみたいと思います。

次の例は２世紀の皇帝マルクス・アウレリウスです。いわゆる五賢帝のひとりで、皇帝でありながら、哲学者であり、哲人皇帝と呼ばれた人です。彼はいかにも哲学者的に、私は美しい奴隷２人を所有しながらも、その誘惑に負けたことはなかったと自慢していました。（マルクス・アウレリウス『自省録』水地宗明訳、京都大学学術出版会、1998年、18頁）

つまり、当時のローマ人にとって、奴隷が美しければ、その奴隷を性の対象として搾取すること、自らの手慰みにすることは何ら問題ではなく、むしろ当然のことと見なされていて、それに対する自分の欲望を控え、抑制したことは世間一般に対して自慢できると認識できるほどのことであった――そのように皇帝自らが示しているのです。あたかも美談のように自分の奴隷に性的な手出しをしませんでしたと語る、この皇帝の存在によって、私たちはローマ人にとって奴隷がどのような扱いを受ける存在であったかが如実に分かるというわけです。

●奴隷自身の境遇観

一方、そうした奴隷自身がいったい自らの境遇をどのように考えていたのか。限られた史料から掘り下げて考察することは難しいですが、まったく手がかりがないわけではありません。

というわけで、ユスティニアヌスによる『ローマ法大全』のなかに収められている『学説彙纂（ディゲスタ）』と呼ばれる法文集のなかから、奴隷売買に関する項目を見てみましょう。このなかに極めて気になる内容があります。『学説彙纂（ディゲスタ）』第21巻1章23節第3法文です。

> 奴隷が自身の生を終わらせようとしたことがあるならば、それが告知されねばならない。自身の存在を抹消しようとする行為を犯す悪しき奴隷とみなされるのである。たとえば縄で首をくくる、毒を飲む、高所から身を投げる……。

この引用文が含まれる『学説彙纂（ディゲスタ）』21巻第1章は、奴隷の扱い、奴隷の地位、そして奴隷売買に関するさまざまな取り決めに関する法文を集めたものです。そのなかには、奴隷を売買する際に売り主側が買い取り側にきちんと事前に告知しなければならない項目が並んでおり、たとえば犯罪歴があるのか、逃亡癖はないか、自殺癖や自殺歴があるのかについてもきちんと告知されねばならないとあります。つまり、ローマ人は奴隷を売り買いする際に、その奴隷が自ら命を絶とうとする傾向があるのかどうかを常に気にしていたということです。主人に逆らって暴力的な振る舞いをしないか、主人から逃亡しようとしないか、病気はあるか、子供は生めるかなどに加えて、自ら命を絶とうとしないかどうかが気になる項目だったのです。

ローマ人にとって、高い金を払って購入する奴隷が、しばしば自らの境遇を嘆いたためか自殺してしまう危険をはらんだ「商品」だったことが分かります。はるか2000年から1500年以上隔たった時代の残された史料から奴隷の心のなかを覗くことは、私たちには困難ですが、彼らの生き方が、あるいは生き方の終わり方がどのようなものであったか、想像させるものです。

次のような史料からも奴隷が自らの境遇についてどのように考えてい

たかをうかがい知ることができるかもしれません。2世紀に書かれたアルテミドロスの『夢判断の書』という史料が残っています。それによると、こういう夢を見たら、それはきっとこういうお告げであるから、どのように過ごせばいい、どのように備えればいいという、いわゆる夢占いの書です。

> 奴隷身分から抜け出そうとしている人にとっては、新しい服はこの先の耐用年数が長く、いまの状態を長引かせることになるから、たとえ冬の夢でも凶。白い服は……ローマの奴隷のうち、行いの正しい者には吉だが、そうでないものには凶。……この夢を見ても解放は期待できない。（アルテミドロス『夢判断の書』城江良和訳、国文社、1994年、115頁）

アルテミドロスの『夢判断の書』の第2巻3章には、こういう夢を見たら、その人が奴隷であれば解放される望みがあるのかないのか、むしろ奴隷である期間が長引くのかといった項目が、たとえば、白い服を着ている夢を見たら、たとえば、新しい服を着る夢を見たら、という形で列挙されます。

奴隷が占い師に、自分の見た夢はいったいどのような未来を告げるものであるかと問える環境にあることも、なかなか驚きではあります。しかし、ほかの自由の身分を手にしている市民と同じく、奴隷は自らの将来がいったいどのようなものであるかを常に気にしており、夢によってそれが明らかになるのであれば、それをきちんと前もって把握したいと思い、占い師たちに自分の夢の意味と吉兆を問うのです。そして、彼らが一番占ってほしいことは、自分は奴隷の身分から解放されるのか否かです。

さて、もうひとつ、奴隷自身が自らの境遇をどのように考えたか、別の例を見てみたいと思います。今度は少し稀な例です。

> ガイウス・メリッススはスポレトゥムの出身だが、両親の不和から遺棄された。彼の養父の気遣いと努力によって高度な教育を受け、文法家となり贈り物としてマエケナスに与えられた。メリッススは友人に接するようにマエケナスに喜ばれ歓迎されたので、母親が所有権を主張したにもかかわらず、実際の出自よりも現在の境遇である奴隷身分に留まることを選んだ。この理由からアウグストゥスによってすぐに解放され、加えてその好意を得た。（スエトニウス『文法家・修辞家列伝』原賢治ほか訳『Studia Classica』第2巻、2011年、264頁）

解説が多少必要かと思います。ガイウス・メリッススという人は、後に文法家（文法学教師）として高名になった人物で、列伝にその名前が残るのですが、彼は子どもの時に両親が不和を起こし、なんと捨て子となってしまった。捨て子として拾われた先で一度奴隷となりました。彼を買った人物が彼に高度な教育を施し、そして高い教養を持った奴隷としてマエケナスという人物にプレゼントしたのです。これはローマ時代ではとくに珍しいことではありませんでした。ギリシア語、ラテン語のさまざまな知識を身に付けた奴隷は高価ですが、とても喜ばれる金持ち向けのプレゼントでした。メリッススもそのひとりだったわけです。

さて、このマエケナスという、メリッススの持ち主になった人物が重要です。マエケナスは初代皇帝アウグストゥスの友人であり、彼の文教行政を多いに助けた人物としても有名です。彼が、このメリッススなどさまざまな人に援助を与えて文芸を奨励した故に、「メセナ」という言葉が生まれました。いまでも企業などがお金を出して文芸を保護し、奨励することを「メセナ」と言いますが、これは「マエケナス」のフランス語読みです。

こうした幸運によってか、あるいは自身の文法に対する修練の成果によってか、メリッススはこのマエケナスに歓迎されます。そして、そのことがこのメリッスス自身の価値を高めたと思ったのか、彼の生みの母親が彼に接近してきて、「この高価な贈り物だったメリッススは、私の息子であり、私の所有物なのだ」と主張してきました。それに対してメリッススは、一度自分を捨てた母親の下に戻るよりも、マエケナスの奴隷に留まることを望んだのです。

自らの下に残ることを選択したメリッススをマエケナスは称賛し、マエケナスの友人である初代ローマ皇帝アウグストゥスはこのメリッススにローマ市民の資格を与え、彼を重く用いるようになったというのが引用部分の末尾です。ちなみにメリッススは皇帝アウグストゥスがローマに建設した図書館の館長に任命されるまで上り詰めました。

生みの母親の下に戻るよりも、自らを厚遇してくれる主人の下に奴隷としてとどまった方がずっとよいと考える人もいたことを、この事例は表しています。ただし、あくまでこれは非常に稀な例だということは注意しておかなければなりません。

3. 多様で複雑な奴隷のありかた

ここまで、古代ローマにおいて奴隷であるということは如何なることか、奴隷の扱い、あるいはローマ人の奴隷に対する見方、そして奴隷自身が自分の境遇をどのように考えていたかを推測させる史料に基づいて考えてきました。その上でこれまでの観察結果は以下のように整理することができるでしょう。

ローマ時代の奴隷とは、ロバやラバなど家畜のように、劣悪、過酷な労働環境で使われうる、あるいは、ひたすら壊れたおもちゃのように「右足からお入りください」と言い続けさせられる、あるいは、その長い髪の毛をタオル代わりに使われるだけの、すなわち財物として金持ちの見せびらかしのために抱えておかれる、そんな存在です。

また、時にはその死を悼み、悲しむといった主人も存在したものの、ひとたび所有されれば、その主人の性的な搾取の対象となることが当然のように行われ、まったくそれを拒否できない。そして、あくまで商取引上の付帯条件からではありますが、自殺率の高さがうかがわれる、あるいは懸念される存在です。

そして、私たちの時代の感覚では少し胡散臭げな占いの指南書という史料から伺われることですが、奴隷とはいつかできるだけ早くこの奴隷の身分から解放されることを夢見て生きている存在です。もちろん、ごくまれに奴隷として主人の下にとどまることを望む事例もありますが、しかし、それはそれ以上に過酷な、あるいは、望ましくない環境が彼を待っている状態が前提であると言えるでしょう。

古代ローマ時代において奴隷であるということがいったい如何なることかを考える際に、みなさんがこれまでの人生で培ってきたイメージが多少あるかもしれません。しかし、私がこれまで事例を挙げて述べたかったことは、奴隷にはじつは非常に多様な境遇があり、同時に、大まかに言って、どの奴隷も「いま、奴隷である」という状況からは逃れたいと考えて、生きていたということ、そして、逃れられないと考えた場合に死を望む可能性も高いということです。

●ユスタ裁判

ここまで奴隷の境遇の多様さについて考えていただきたいと思い、史料を挙げてきましたが、今度は多様でありつつ、さらに複雑な状況についても目を向けてみたいと思います。ひとりの奴隷の人生においても複雑な状況があったことをうかがわせる史料を見ていきましょう。取り上げる事例はたったひとつです。たったひとつですが、普遍的な事例だと考えているため、この例を選びます。

取り挙げるのは、紀元後75年から77年に行われたと推定されている裁判です。イタリアのヴェスヴィオ火山のふもとに位置する、ヘルクラネウム市という都市に住んでいた、ある女性の裁判記録の断片です。原告の名はペトロニア・ユスタといいます。彼女の父親の名前は明らかでなく、非嫡出子として生まれた女性だということが分かっています。そして、被告はカラトリア・テミスといいます。このヘルクラネウムの町では名の通った富裕な女性です。

二人はいったい何を争っていたのでしょうか。被告カラトリア・テミスは、ユスタは、自分の奴隷、あるいはテミスの亡くなった夫ペトロヌス・ステファヌスの奴隷だったが、いまは自由人として生きていると主張しました。それに対して原告のユスタは、自分は生まれながら自由人であり、かつて奴隷であったなどと言われるいわれはないということで、裁判に持ち込んだようです。

ローマ時代には私たちが用いている紙とは少し違った形の記録媒体があり、この裁判に関わる史料としては、研究者たちがヘルクラネウム文書とよぶ、木板数枚を綴じた、裁判当事者の資料が残っています。そのすべてが現存している、あるいは完璧な状態で保存されているわけではありませんが、裁判の様子をある程度うかがうことができます。

●ユスタ側証人

まず、自分は生まれながらの自由人であると主張している原告ユスタ側の証人として、ペトロニウス・テレスフォルスという人物が証言しています。彼は宣誓の後、このように述べていると記録に残っています。

> 私とともに奴隷解放されたペトロニア・ウィタリスの娘で、問題となっている少女ユスタが、生来自由人の生まれであることを私は知っている。また、私はペトロヌス・ステファヌスとカラトリア・テミスに対して、養育費を受け取って、彼女（＝ウィタリス）に娘を

> 戻すよう求めた。したがって、ペトロニア・ウィタリスの娘で、問題となっている女性ユスタが出生自由人の生まれであることを私は知っている。(ヘルクラネウム文書XIV)

すなわち、奴隷であったのは問題となっているユスタではなく、その母親ペトロニア・ウィタリスであって、ユスタ自身は母親ウィタリスが解放され自由人となった後に生まれたので、生まれながらにして自由人であるというユスタの主張をこの証人は補強しています。

この主張とともに注意していただきたいのは、「ペトロヌス・ステファヌスとカラトリア・テミスに対して、養育費を受け取って、彼女(=ウィタリス)に娘を戻すよう求めた。したがって」というところです。つまり、自分の奴隷であった女性の娘を、この富裕者の夫婦は一度引き取って育てていたのです。そのユスタを、母親であったペトロニア・ウィタリスが戻してほしいと、それまでの養育費を支払って引き取った。その際のやりとりを仲介した、あるいはあいだに入ったのが、この証人ペトロニウス・テレスフォルスであったということがうかがわれます。この点に注意していただきたいと思います。

もうひとり、ユスタ側には証人がいました。アッリウス・マンケプスという人です。

> 私は、ペトロニア・ウィタリスが彼女の幼い娘のことでカラトリア・テミスと相談したとき、ウィタリスに付き添った。そのとき、テミスの夫ステファヌスがウィタリスに「私たちは彼女を娘のように扱っているのに、なぜお前は娘のことを悪く考えるのか」と話しているのを耳にした。(ヘルクラネウム文書XIX)

このように、いささか修羅場を見た雰囲気の証言をしています。

いったいどういうことなのでしょう。アッリウス・マンケプスは、その際に付き添いとしてともに行ったのか、あるいはたまたま同席したのか、それとも仲介に入った人物であったのか。おそらくは後者と思われますが、どうやら問題のユスタの母が、富裕者テミスとその夫ペトロヌスに娘を返してもらいに行った際に、娘のように扱うほど愛着がわいていたテミスとペトロヌスの夫妻は、ユスタを手放すことに対し難色を示したと解釈すべきです。

結局、先ほど挙げた証人によれば、幼いユスタは産みの母親であるウィタリスの元に返されました。そしてウィタリスは引き換えに、それまでの彼女の養育費を払ったことがうかがえます。しかし、娘が母親の元に戻されるまでには、一悶着あった。強調しておきたいのは、この富裕な夫妻は、かつて自分の奴隷であった人物が産んだこの女の子を娘のようにかわいがっていたということです。

●テミス側証人

これは裁判なので、もちろんテミス側の証人も立っており、その証言も残っています。ウィビディウス・アンプリアトゥスという人物は以下のように証言しています。

> 私はペトロニウス・ステファヌスとその妻カラトリア・テミスと親しくしていた。そして、カラトリア・テミスの名指し奴隷であった〔……〕ともつきあいがあった。したがって、少女がかつてカラトリア・テミスの解放奴隷であったことを私は知っている。(ヘルクラネウム文書XXII)

残念ながら史料に欠損があって〔……〕の個所にはいる人物の名前を読み取ることができませんが、とにかくこの証人はこの富裕者夫婦の名指し奴隷と付き合いがあったわけです。このテミス側の証人ウィビディウス・アンプリアトゥスは、問題となっている女性ユスタはテミスとステファヌスの夫妻が解放した奴隷であったと証言しています。すなわち生まれながらの奴隷ではなく、彼女もまたその母親と同じように、この富裕なテミスとステファヌス夫妻が奴隷身分から自由の身分へと解放してあげた、そうした存在であったと過去の証言をしています。

その情報源はテミスが用いていた名指し奴隷です。名指し奴隷とは、ローマの富裕な人たちが抱えていた奴隷のなかでも極めて特殊な役割を持っていた存在で、現在で言えば秘書、あるいはメモ帳の役割をその頭脳で果たす人物です。すなわち自分と主人とかかわりのある人物の名前と顔を記憶し、主人に「あの人は誰々さんですよ」「こういう用事で私たちのところに以前来ました」と教える秘書のような存在です。つまり、このテミスとかかわりのある人物の立場や役割、あるいは身分に関して、確かな記憶を持っていたと期待される人物であるので、この証言は重視されるべきだというわけです。

●ユスタ裁判の示すもの

このヴェスヴィオ火山の噴火によって埋もれた町ヘルクラネウムから発見されたこの記録の続きは、残念ながら見つかっておりません。いったいこの裁判がどのような結果を迎えたのか、私たちは少なくとも新しい史料が発掘されるまでは、まったく決断を下すことができません。ユスタが、本当にテミスの言う奴隷出身であるのか、あるいはユスタ自身が主張するように生まれたときから自由であったのかを知ることはできません。それどころか、その判決すら知ることができないのです。しかし、私がこの事例をこの講義の最後でとりあげたのは、ここから古代ローマの奴隷事情を読み取れるからです。

まず、ユスタという女性は明らかに自由人として生きていた、あるいは生きようとしていたはずです。しかし彼女は、かつての主人、あるいは彼女自身の主張によれば、自分の母親の主人であった人物から、「お前は奴隷であった。その奴隷であったことから私たちが解放した」と主張され、裁判にまでなってしまいます。

ここには解説が必要です。古代ローマの奴隷が主人から解放される時、その解放にはいくつかの種類がありました。遺言による解放や、公的な役人の前での解放のほかに、私的に友人たちの前で「この奴隷を解放する」と宣言することでも、奴隷に自由を与えることができました。しかし、たとえ主人から自由を与えられたとしても、奴隷は言葉の真の意味で完全に自由になったわけではありません。自由人となった後も、その主人の被保護者、あるいは子分のような役割を期待され、何らかの形で主人の命令、あるいは支配にある程度服すことが期待されていたのです。

ユスタがなぜ裁判までしなければいけなかったのか。おそらくカラトリア・テミスの主張によれば、かつて自分の奴隷であったユスタは、あるいはその母親が自分の奴隷であったユスタは、かつての主人であった自分のためにある程度尽くさなければいけないという要求があったと思われます。ユスタ自身は、自らは自由人として生まれたから、そのような義務はないとして、必死にあらがおうと裁判を闘っていたと推測されます。

このように、たとえユスタが、彼女が主張するように生まれながらにして自由人であったとしても、突然、自分の親のかつての主人から、かつての主人であったという立場を利用して服従を強いられる。いつまでも絡みつく元主人のしがらみ、あるいは支配から逃れるためには訴訟を起こして戦わなければいけない。そのような可能性があるのが、古代の奴隷が自由を得た後の姿なのです。同時に何度も強調しますが、テミスと彼女の亡くなった夫は、ユスタ側の証人が言っていることでもありますが、この奴隷（あるいはかつての自分の奴隷の娘）を一度は娘のようにかわいがって育てていたはずです。しかし、その彼女が自分の手のひらの上から出ていこうとすれば、裁判になってでもそれを引き留めたい、あるいは上から押しつぶしたいと考える存在になったわけです。

4．古代ローマにおける奴隷とは？

これまでに検討したさまざまな事例から、古代ローマ人にとって、いったい奴隷とは何かをあらためて考える材料が浮かび上がります。ユスタは（元）主人であるテミス夫妻が娘のように愛した存在でした。先に見たように小プリニウスは、若い奴隷が病気で亡くなった時に涙を流し、なるべく自由を与えてからこの世を去らせたい、遺言があるなら聞いてやりたいと思いました。

では、奴隷は家族のような存在でしょうか。愛情を注ぐ存在でしょうか。しかし、小プリニウスの手紙は、それが特殊な事例であることを前提として書かれています。ユスタ自身もこのテミス夫妻に奴隷の身分であったかどうかを確認するための裁判を争う境遇に追いやられています。たとえ愛情を注がれることがあったとしても、奴隷という過去から逃げることは許されないのでしょうか。

ローマ人にとって、いったい奴隷とは何なのか、現時点では私は次のように結論しておきます。第一に、奴隷はローマ人にとって人です。ローマ人は古代ギリシア人から文化的に多くのものを学びとりました。その古代ギリシア人のなかでも碩学である哲学者アリストテレスは「奴隷は物を言う動物である」、あるいは「道具が物を言うだけの存在である」と述べました。ローマ人は、もう少し奴隷を優しく見ています。奴隷は人間だと考えている人たちが、ローマ人のなかには確実に存在していました。

第二に、ローマ人にとって奴隷は、しかし、何か気に食わないことがあれば、何か問題があれば、あるいはまったく問題がなくても、一瞬で同等の人間扱いをしなくてよくなる存在です。そういう大前提の上に、ローマ人は家族のような愛情を時々奴隷に注ぐ。そして、それを自分で人間愛（フマニタス）と呼んだのです。

「人間扱い」とはいったいどういうことなのでしょう。講義内容も教室も、大変暗い雰囲気になってきました。しかし、現代の日本社会に生きている私たちは、安易に使ってきたこの言葉に対してもう一度反省し、考えなければいけないと思います。この問いはローマ人にとってすら自明ではありませんでした。私たちにとっても、人間が人間を人間として扱うということは、いったいどのように定義すべき問題なのか。すぐに答えられるでしょうか。現代の日本においても、「ブラック企業」と呼ばれる労働環境で過労死するまで働かされる人は後を絶ちません。社会のあらゆる場面で、セクシャルハラスメントの脅威は消え去っていません。研修・実習・インターンシップ・ボランティアの名目で酷使される事例が定期的に報道されます。奴隷制というものが否定されている現代日本は、明らかに古代ローマ帝国とは違う文明であるはずです。しかし、私たちは常に、誰もが人間扱いされていると言い切れる社会に生きていると言えるでしょうか。私たちの社会では、誰かが「飼われ」たり「捨てられ」たり、していないでしょうか。暗い雰囲気をさらに暗くして、私の講義をここで終えたいと思います。

日本における人身売買を考える
問われていることは何か

原由利子

（はら　ゆりこ）。反差別国際運動（IMADR）事務局長（2016年11月まで）、人身売買禁止ネットワーク（JNATIP）運営委員。英国エセックス大学人権大学院卒業。創価女子短期大学、明治大学、津田塾大学、清泉女子大学非常勤講師。共著に『世界中から人身売買がなくならないのはなぜ』（合同出版、2010年）がある。

みなさん、こんにちは。私は、「反差別国際運動」（IMADR: The International Movement Against All Forms of Discrimination and Racism）という国際人権NGOの事務局長をしている原です。この世から差別と人種主義をなくすという人類永遠の課題に取り組んでいます。

はじめに私が人身売買のことに向き合い始めたきっかけをお話します。

異常なことでも、それが当たり前のように続くと、その慣習のようなものを問わなくなる、ということに疑問をもちはじめたのは、大学卒業後、建設会社勤務の時にアメリカ転勤があり、外から日本の「当たり前」、「常識」に疑問を持ちはじめたところにありました。

アメリカから帰国後、仕事の傍ら開発問題や環境問題、人権問題など、さまざまな分野のNGOで活動をして、一番引っかかるのは女性に対する暴力でした。NGOへの転職を決意し、そのためにイギリスの大学院に留学し、人権を学際的に学びました。修士論文でアフリカや中東の女児に行われている、健康に有害な慣習である「女性性器切除」をテーマにしようとしたところ、教員に、自分の足元である日本の慣習のなかに

「女性性器切除」に通じるものはないのかといわれ、「間接的性器切除」ともいうべき日本での性搾取の慣習に向き合うことになりました。藤目ゆきさんが書かれた『性の歴史学』（不二出版、1997年）など、さまざまな文献を読み調べ、日本で性がどれほど巧妙に国家政策に活用されてきたかの歴史をたどりました。そのなかに公娼制度や人身売買もあります。それが、人身売買の被害者の権利が守られないこととつながっていて、帰国後、私自身が人身売買禁止ネットワークの創設に関わるなど、この問題に取り組むきっかけになりました。

修士論文執筆中に、国連の人権に関わる諸機関が集まっているジュネーブを訪れました。そこで現在勤務している反差別国際運動のジュネーブ事務所のスタッフから興味深い話を聞くことができました。1990年代、世界中で人身売買が横行し、さまざまなNGOも人身売買撤廃のために活動していましたが、なかなかひとつのテーブルにつくことができていませんでした。なぜなら、売春に対する考え方の違いがあったからです。一方には、売春もすべて廃絶していこうという廃絶派がいました。それに対して、権利派は、売春を女性による職業選択のひとつと捉えています。そのうえで暴力への対策を含めてセックスワークの労働条件を改善するべきだという主張です。廃絶派と権利派の溝は埋めがたく、両者が一つのテーブルにつくことができない状況でした。

廃絶派と権利派のどちらでもない人種差別の側面からとりくむ反差別国際運動が、日本のNGOであったから、ヨーロッパやアメリカのNGOと、アジアやアフリカのNGOとの間も取りもって調整役として会議開催を重ねることができました。反差別国際運動のジュネーブ事務所のスタッフは、後でお話しする国際組織犯罪防止条約への働きかけにNGOの代表として取り組んでいました。世界のなかでの調整役としての役割はとても大きいのだと思った私は、イギリスでの修士課程を終えて日本に戻り、このNGOに入っていまに至ります。

反差別国際運動では、見えない存在とされてきたマイノリティの声をつなげ、数や調査など見える形にして提示し、差別をなくすための活動をしています。直近ではこの『日本と沖縄――常識をこえて公正な社会を創るために』(反差別国際運動日本委員会、2016年）というブックレットをつくりました。また、ヘイトスピーチや人種差別をなくす活動をしていますので『レイシズム――ヘイト・スピーチと闘う』(同、2015年）という書籍も出しています。図書館に寄贈いたしますので関心のある方は手に取ってみてください。

1．人身売買が意味すること

まずはじめに、人身売買をなくすことができると思う人はどれくらいいますか。人身売買はいつごろから行われていたのでしょうか。日本で最初に言及されているのは『日本書紀』で、子どもを売るなと出てきます。人身売買というと、16世紀から19世紀にかけての奴隷貿易や奴隷制度を思い浮かべる人が多いと思います。しかし、海外でも日本でもさまざまな形で有史以来行われてきた人類永遠の課題といってもいいと思います。

今回のテーマは「飼う」ですので、「飼う」という言葉を辞書で調べてみると「食べ物を与えて動物を養い育てる」とありました。人身売買は、辞書では「人格を無視し、人間を動物や物と同じように売買をする行為」となっています（正確な定義は後述)。それに加えて奴隷は、ほかの人の所有物であり、自由を認められずに強制労働を強いられ、売買されると書かれています。

人身売買を一言で言うと、どういうことでしょうか。「人に値札が付いている」ということでしょう。そしてその値段は、国籍や民族、性別や出自、年齢などにより異なるということです。

2．世界の人身売買

いまのこの時代に人身売買はなくなるどころかさかんになっています。なぜでしょうか。グローバル化で、モノ・金・情報が国境を超えて動いていますが、人の動きには制限があるため、そこにつけこみ業者が暗躍しています。人身売買は、銃や薬の売買よりも「儲かる」ので、増加しています。それに加えて新自由主義経済が背景にあります。

オーストラリアのウォークフリー財団が2016年に発表したグローバル・スレイバリー・インデックス（世界奴隷指数）によると、現在の奴隷の数は4,600万人と推計されています。人身売買は英語ではTrafficking in Persons（TIP）といいます。アメリカの国務省から発表される世界中の人身売買についての年次報告書は‘TIP report’でインターネット検索を行うと一番に出てきます。この人身売買報告書では、毎年人数にばらつきがあり、ILO（国際労働機関）も数字を出していますが、いずれにしても正確な数は出せないのが、人身売買の特質です。もし自分が人身売買されていたとしても、その自覚がなかったり、騙された自分も悪いと思ったり、名乗っても捕まると思ったり、当事者はほとんど名乗り出ません。ですから、実際にはもっと大きな数だといわれています。

人身売買には、「性」の人身売買と「労働」分野の人身売買があります。性産業や国際斡旋結婚は比較的イメージしやすいと思いますが、労働分野では、家事労働、農園、鉱山、漁業、製造業、物乞いなど多岐にわたります。先ほどの世界奴隷指数で一番大きいのはインドです。

子どもの売買も多いです。ちなみに、子ども兵士については統計に加える場合と、加えない場合があります。また、国際養子縁組が人身売買に悪用される場合があり、臓器の売買も人身売買です。

●国際社会の取り組みと人身売買の定義

ヨーロッパの奴隷などの人身売買、あるいはほんの一部を対象とした買売春などへの取り組みは以前からありましたが、国際社会がこの問題に共に取り組みはじめたのは2000年以降のことです。とはいえ、その取り組みは、被害者保護のためではなく、国際組織犯罪防止を主眼としていました。麻薬や銃などの武器の売買経路をたどっていくと、人身売買の犯罪組織が暗躍しているため、そういう犯罪組織の資金源を絶つために、人身売買問題への取り組みがスタートしました。ですから、国際犯罪防止条約のもとに人身売買禁止議定書があります。これは選択議定書で、加入したい国だけが加入する条約です。この議定書の策定会議はウィーンの国連薬物犯罪事務所でおこなわれたので、反差別国際運動ジュネーブ事務所のスタッフはNGOの声を携え、ジュネーブから毎月ウィーンに通い、関係者へのロビイングもしました。その結果、被害者保護の条項もいくつか入りましたが、被害者保護には国の財政負担が生じることから、最終的には「可能な限り」「努力する」等の文言がはいり、努力義務になってしまいました。これが国際社会の限界でした。

その人身売買禁止条約議定書の3条に、はじめて人身売買の定義が記され、人身売買の3つの要素である目的・手段・行為が図1にある通り、明示されました。以後国際的にこの定義が使われています。すなわち搾取を目的として「売春、性的搾取、強制労働、奴隷化、臓器摘出」し、

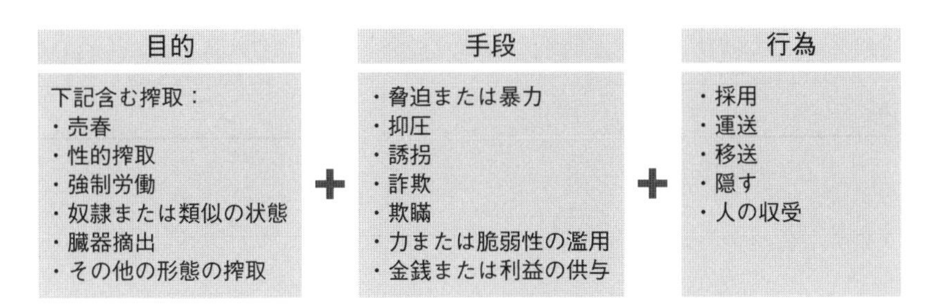

図1　人身売買の定義　人身売買禁止議定書第3条
＊子どもの場合、目的と行為のみで人身売買

「暴力、脅迫、詐欺、誘拐、支配下に置く」などといった手段で「採用、運送、移送、隠す、人の収受」といった行為を行なうとされたのです。子どもの場合、「目的」と「行為」だけで、「手段」がなくても人身売買になるとしました。従って日本での児童買春も、手段は問わず人身売買に当たることになります。

3．日本の人身売買の現状

先ほど紹介した世界奴隷指数では、日本で奴隷的な状況にある人が推計29万人いるとされています。あくまで一つの参考推計値ですが、「えっ、そんなにたくさん、どこにいるの？」と感じませんか。奴隷というと昔のことでいまのこととは思えないかもしれません。見た目は自由にみえるのに、自由を奪われて働かざるを得ない。労働対価を得られず、経済搾取を受け、搾取状態に陥る際、暴力・威嚇・恐怖によって囚われている人びと（セーブ・ザ・スレーブによる定義）と考えると、私たちが考えている以上にたくさんいて、私たちにはそれが見えていないだけなのかもしれません。

国際的な定義では人身売買に当たることが、日本では人身売買とは捉えられていないという課題もあります。

日本の人身売買の形態としては、世界と同じく、性の人身売買、労働分野の人身売買があります。また日本では、日本人男性とフィリピン女性の間に生まれた国際児に関わる人身売買があります（後述）。

●性的搾取の人身売買

まず性に関わる人身売買についてお話します。80年代にアジアの女性たち、特にフィリピンからエンターテイナービザ（興業ビザ）で来日する、いわゆる「じゃぱゆき」さんが増え、2000年代には年間８万人程が来日していました（その後、興業ビザは厳格化され激減）。一般的には出稼ぎと思われていましたが、実際にはダンサーではなく性産業で働きづめで、斡旋業者が暴利をむさぼる人身売買の状況でした。タイからの人身売買も盛んでした。犯罪組織だけでなく、多くの人が関わっていました。リクルーターが家族や親戚、知人であることもよくあります。村のおじちゃん、おばちゃんから「いい話があるよ」と言われて来たというケースも多かったのです。受け入れ側ではいろいろ役目が分かれており、たとえば、農閑期の農家のおじさんがそういう女性の輸送に携わっている場合もありました。

2000年代後半からは、日本人女性が人身売買の対象となる事例が多くなってきました。人身取引被害者サポートセンターNPO（非営利団体）法人ライトハウスの電話相談では、それまでは外国人女性からの相談が多かったのが、日本人女性の方が多くなっていきました。出会い系サイトから始まり、SNSサイト、家出サイト、家出掲示板、「神待ち」などきっかけはさまざまです。中学生や高校生が家出をして、そのようなところを経由してどこかに泊めてもらうと、性的搾取にあい、関係性ができてその後売られてしまうこともあるのです。

アメリカ国務省の人身売買報告書でもいわゆる「JKビジネス」が問題視されています。JKは女子高生の頭文字で、女子高生を性的に搾取するビジネスです。たとえば「JK散歩」では、女子高生との散歩ですが、さまざまなオプションがあり、散歩だけではなく、買春に向かうしくみになっています。すべてが人身売買ではありませんが、18歳未満の相手を買春すれば、国際的な定義にてらして人身売買です。2015年に児童買春で捕まった件数だけでも728件ありました。

近年では、AV（アダルトビデオ）産業に関わる人身売買も問題となっています。労働条件等を納得して自ら進んで働いていらっしゃる方は、人身売買と関係ありません。さまざまな事情で気がついたら売られていて意に反して働かなければならなかったり、街で声をかけられた時の話と違う契約書にサインし、違約金がかかるなど脅され、レイプされ出演を強要され働いていたり、人身売買と言わざるをえない状況が多くあります。

●日比国際児

日比国際児とは、フィリピンの女性と日本の男性の間に生まれた子どもたちのことで、母親の多くは1980年代から日本にエンターテイナービザで出稼ぎにきたり人身売買されたフィリピンの女性です。問題のない家庭もたくさんありますが、フィリピン人の母親が出産のためにフィリピンに帰国し、子どもが産まれた後に日本人男性との連絡が途絶えてしまうなど、母子がフィリピンに取り残されてしまうケースが数万件ありました。その問題を訴え、2009年からそうした子どもは父親が認知すれば日本国籍を取得できるようになりました。それらの母子が日本の父親に認知を求めて来日するときに、それを利用しようとする人身売買業者がいるのです。「父親探しを手伝いますよ」と言い日本で働かせながら斡旋料をとっています。岐阜事件では、母親がフィリピンパブで数年働くよう斡旋業者に命じられ、月額８万から10万程度で休みなく働かされていました。2015年に警察が50数人と接触し、31人が人身売買の被害者として認定されました。

日本の国際斡旋結婚についてはグレーゾーンです。多くの場合、日本の男性が斡旋業者に高額な斡旋料を支払いアジアの女性と結婚するのが主です。あくまでも両者の合意の下という前提があるため、外から介入しづらいのが現状です。国際斡旋結婚で来日した女性たちに通訳などで寄り添ってきた人たちのなかには、「夫には高額な斡旋料を払って買ったという意識がある人が多い」と指摘する人も多く、人身売買の側面があるのではと言われています。

●外国人技能実習制度

次に労働搾取の人身売買についてお話します。世界各国どこの国でも、人身売買の数割は労働搾取の人身売買です。日本での問題は何か。それは、労働搾取の人身売買が、ほとんど人身売買と認定されていないことです。アメリカ国務省の人身売買報告書をはじめ、国内外から人身売買の温床として批判を受けている制度があります。外国人技能実習制度です。この制度は、途上国への技術移転という国際貢献を名目として90年代はじめに研修と共に始まった国による制度です。外国人研修制度も問題でしたが、制度改革によって、本来の意義に則る形となり、研修ビザでの来日も減りました。しかし、技能実習については、改革が試みられているものの、基本的な構造や問題は変わっていません。

もともと技術移転ですから、特殊な技術を習得して自国に戻り、その技術を生かして自国で貢献するものでしたが、実現させているのはほんの一部です。厚生労働省の毎年の調査では、受け入れ事業所における賃金不払いや長時間労働など労働基準法違反が７割から８割となっています。実質的には人手不足を低賃金で補う、日本のための制度になっています。

受入れ期間は３年で、主に商工会や農業・漁業組合等々を通して地域の中小企業が受け入れています。課題はいろいろあり、特に事前の保証金、企業を選べず変えられないこと、強制帰国が問題です。たとえば中国では、３年働けば300万から500万稼げると聞き、本国で年収の３倍ぐらいの保証金を事前に取られて来日します。これは逃亡防止のための保証金であり、前借金と同じ形で誓約書を書かされます。金額の幅はありますが、100万円以上の保証金を出し、３年間勤めを無事終えれば、そのお金は戻ってきますが、問題をおこしたり途中で帰ると没収されるのです。技能実習制度では働く企業は選べず変えられないため、配属された会社で過酷な労働条件でも我慢しますが、法令違反等と知り、労働条件の改善を雇い主に求めると、強制帰国をさせられます。問題の発覚を恐れるため、また他の実習生へ「声をあげたらこうなる」と見せしめしているようなもので、実習生が声をあげにくい一因となっています。

技能実習生の救済に長年かかわり、受け入れ側の経営者とも多く付き合いのある方が言われていたのは、地元の気のいい経営者が、この制度を使いはじめて２年目、３年目に急速に豹変していく話です。経営者が実習生に対して絶対的な力を持っているため、低い手当で長時間労働をさせたり、受け入れた外国人女性をひとりで住まわせて、夜にレイプをしたりする。その意味で人を豹変させてしまう制度だと言われていました。

岐阜のある縫製会社に技能実習で入っている中国人の給与明細を見てみると基本の時給が300円となっていて、住居費、光熱費などさまざまな費用が引かれていることがわかります。手元に残るのは10万円もありません。こうした実態が『外国人研修生 時給300円の労働者』という本などで提起され、問題視されるようになって10年がたちます。

そんななか、東京オリンピックに向けて、人手不足が深刻な建設業等に、外国人技能実習制度を拡大する緊急措置を政府が決定しました。この問題に関わってきた私たちNGOは耳を疑い、技能実習生も「NO」のプラカードを持って、2013年に緊急集会等を開いて政府や立法府にに要請を重ねてきました。

４．日本政府の取り組みと課題

日本では長年、人身売買が禁止されていなかったため、人身売買業者は捕まらずに捕まっても行政罰の罰金、逆にフィリピンやタイから人身売買された被害者が「不法滞在」を理由に捕まり、強制送還されるという事態が続いていました。その状況を何とかしようとする私たちNGO、シェルター関係者、弁護士などさまざまな人が集まり2003年に人身売買禁止ネットワーク（JNATIP）をつくり、政府や各政党に現状を訴え、人身売買禁止と被害者保護支援の包括法の制定を求めました。翌2004年のアメリカ国務省の人身売買年次報告書で、日本は、人身売買への取り組みにおいて、最低限度の基準も満たしていない国として監視対象国に指定されました。それがメディアで大きく報じられ、社会的な課題として認識されるきっかけとなりました。政府は同年、人身取引省庁連絡会議を発足させ、人身取引行動計画を策定しました。本当は人身売買の禁止と被害者保護の両方を定める人身売買被害者保護法をつくってほしかったのですが、国際社会でも犯罪防止が主眼だったように日本でも犯罪防止が中心で、2005年に刑法のなかに新たに人身取引罪が新設されたのに留まりました（政府は、金銭の受け渡しがない場合でも人身売買にあたることがあることなどから、「人身取引」という用語を使っています）。

人身売買への取り組みの根拠となる被害者保護法というような法律がないと、予算も十分つかず、専管部署もできません。予算がないので、専用シェルターも設置できません。その結果、被害者は、ドメスティック・バイオレンス（DV）被害者受入れのためにある婦人保護施設（配偶者暴力相談支援センター）が受け入れることになりました。しかし通訳やカウンセラーが常駐しているわけでもなく、職業訓練等を受けられるわけでもなく、不自由さもあり、被害者の受けいれは極めて少ないのが現状です。また労働搾取の人身売買を含めて、男性も利用できるシェルターがないことも課題となっています。

国の予算が確保されていないので、公的な専用ホットラインもなく、民間シェルターへの補助金もありません。民間シェルターから自治体への働きかけでシェルターやホットラインに自治体が一部助成しているところはあります。

被害者支援に関してたとえばアメリカでは、人身売買の被害者は、Tビザという人身売買被害者ビザが申請でき、フードスタンプ（米国内の低所得者向けに行われている食料費補助対策）を発給されたり、職業訓練を受けられたりします。名乗りでることでそのような恩恵を受けることができるので、名乗りでてくる人がいて事態がわかるのです。日本ではそういう支援パッケージがないこともあり、被害者が名乗りでてくることは稀だと言えるでしょう。日本政府は国際移住機関を通じて被害者が帰国を希望する場合の帰国支援を提供しています。しかし日本に残りたい被害者の方が多いので、人身売買業者の方が賢くなり、女性が名乗りでない程度に搾取していると考えられています。人身売買業者が被害者の状況や心理状態を巧みにコントロールしながら、しかも人間関係をつくり、総合的に支配して、自分の思い通りにしていく状況があるのです。

国内外で批判されている外国人技能実習制度の拡充については、同制度の改革を合わせて行なうという名目で、同制度に関する法律が秋の臨時国会で成立する見込みですが、批判されてきた基本的な構造は変わらない方向です（その後、外国人技能実習法が2016年11月に成立。技能実習生のパスポート・在留カードの取り上げや強制貯金、行動の制約などへの罰則を設け、受け入れ団体への管理を強化しているが、送り出し機関による法外な保証金や違約金への罰則規定がない。また実習生が最も恐れる強制帰国を防止する規定もない。「優良」な実習実施者・監理団体に対する実習期間の延長、受け入れ人数枠の拡大、介護分野への拡大など、実質的に同制度の拡充となっている）。

日本は少子高齢化のなかで労働力が不足するという問題が長年指摘されていますが、移民受入れの是非について正面から議論がなされず、移民は受け入れないという前提です。そのため、現状の労働力不足とのギャップをしのぐために、安価な労働力を数年提供して帰っていただく外国人技能実習制度や留学制度がつくられ活用されています。しかも、原発やアスベストのある現場など危険な場所での労働では、後から健康被害の症状が出るため、３年から５年だけ働いてもらって出身国に帰っていただくというのは、日本の都合による表面化しにくい人権侵害といえます。

このような現状のなか、2015年の日本での人身売買の検挙数は42件、被害者数は54人でとても少なく、国際的には人身売買にあたる児童買春700件以上もカウントされていません。なぜこんなに少ないのか。その一つの理由は、人身売買の被害者を認定するのが、日本では入国管理局と警察だけだからです。潜在的被害者から相談を受けるのは主にNGO、ソーシャルワーカーや弁護士、シェルターの人などです。海外では、これらの人たちと政府関係者がチームになって被害者認定をおこなっている国が多いのです。そうやって事例を積み上げ、認定の精度をあげています。しかし、日本では警察と入国管理局だけでやっているので被害者認定の枠が非常に狭いままと言わざるを得ない状況です。

人身売買禁止ネットワークは定期的に政府と意見交換を行ない、現場の状況を知らせながら、これらの課題について改善を促す具体的な要請をかさねています。政府の人身取引対策行動計画は2009年と2014年に改定されました。これまでの要望のうち啓発や広報分野では比較的行動計画のメニューに要望が反映された部分がありましたが、被害者の認定や被害回復支援については、なかなか要望が通らず「検討する」課題がほとんどであるのが現状です。これは法律がないことの限界を表していると思いますので、立法府にがんばってもらい、取り組みの基盤となる実態調査や法律を制定していくことが、やはり不可欠なのだと思います。

5．問われていることは何か？

では、私たちに問われていることは何でしょうか。今日のテーマです。人身売買を本当になくしていこうと思っているのかどうか、ということではないでしょうか。多くの人がそう思っていたら、少なくとも法律はとっくにできていると思います。いまも人身売買被害者保護法はできていません。図２を見てください。法制度の下には社会構造があり、その下には人びとの意識があるというピラミッド構造です。この構造は人身

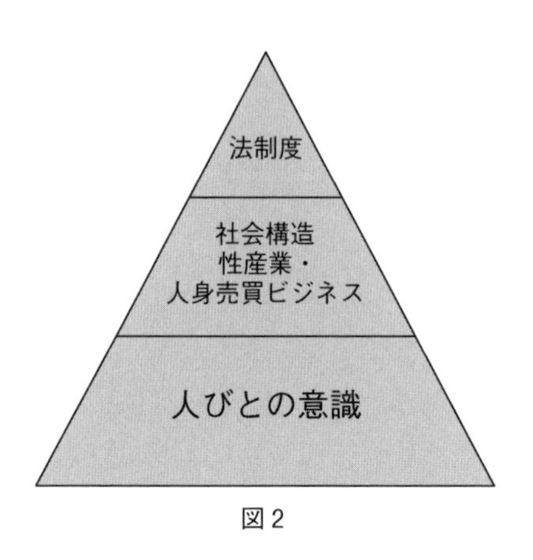

図2

売買に限らず他のことにも当てはまると思います。法がないのは、人身売買が必要悪として捉えられるような社会構造があり、それを致し方ないと思う人びとの意識があるからではないか。そしてそれが当たり前のことになると、海外からみて異常なことでも問われることすらなくなるのではないか、という仮説が立てられるのではないかと思います。

●必要悪とされてきた性の人身売買

性の人身売買が必要悪と考えられてきた点について図２の社会構造の社会面と経済面の事情を見ていきます。

社会面で見ると、女性と子どもを買い求めることを容認してきた歴史があります。古くは日本書紀までさかのぼりますが、たとえば、近くは戦後、北海道や東北では凶作になると娘を「身売り」させていて「女子身売防止」という新聞広告が出ていました。1970年代になるとアジアへのセックス観光がエコノミックアニマルと揶揄され、国際社会から批判を受けました。80年代になると先にお話したように、こちらから行くのではなく、「ジャパゆきさん」として数多くのフィリピンの女性がエンターテイナービザで来日し、その多くが人身売買でした。1990年代には、人身売買の被害者だったタイの女性が日本でスナックのママになって、今度は自分が人身売買の管理をすることになり、人身売買をされたタイの女性たちに殺される事件が６、７件もおきたのです。しかし、それはタイ人女性の問題として捉えられ、日本の社会問題として法が必要という議論にはなりませんでした。人身売買罪が新設された2005年以降、こうした人身売買は全国で地下化していきます。見えにくい方向に向かっていったのです。「宅配」「出張サービス」と性産業の広告にあるように、まるで便利な商品のようになっていきました。

経済面で見ると、性産業にはまず需要があって儲かり、GNPの数パーセントを占めています。「高級領収書発行」とチラシに書かれていることが多いように、接待費などの経費として処理できるということです。人身売買を産む需要はすでに巨大市場となり、ビジネスとして社会に組み込まれているといえます。

このような社会構造を支えているのは人びとの意識です。外国人に対する日本の人びとの意識の問題もあります。そもそも外国人の状況を知らないし、関心がなかったりします。その割には、外国人が犯罪を犯すと、メディアが繰り返し報道するので、外国人に対する警戒心だけが募らされる側面もあります。結果として問題を放置してしまいがちになります。

●一部の悪い人の問題？

人身売買は、一部の悪い人たちだけの問題でしょうか。この問題に関わってきて思うことは、それが日本の誰にでもつながる身近な問題だということです。たとえばある長野のレタス農場では、技能実習生が国別に色の違う帽子をかぶって管理され働いていました。かなりの搾取の上に、私たちは安いレタスを買っていることになります。安いことがすべて悪いわけではありませんが、その奥に隠されていることを知る視点が大切だと思います。昨日出したクリーニングは、今日食べたレタスは、技能実習生の手によるものかもしれません。気がつかないうちに搾取の恩恵を受けて社会が成り立っているともいえるのではないでしょうか。人身売買は、だれもが持っているエゴやずるさ、他者への抑圧、差別、搾取などが集積した結果としての現象なのだと感じます。その意味で、人身売買は、社会のありようを鏡のように映し出していると思います。自分か家族が時給300円で働いていたら、それはないよと声をあげるか辞めるか、きっと何かすると思います。では被害にあっている人が声をあげればいいのでは、と思うかもしれませんが、声をあげにくい状況にあるのが、この人身売買の特質なのです。

●関心のアンテナをゆっくり育む

では、私たちは何とかするために何をしたらいいのでしょう。みなさんにとって、いままで人身売買の問題は自分とは関係のないことだったと思います。でも今日もし、「人身売買まずいよね」、「自分たちにも関係あるかも」、「こりゃ何とかしなきゃだよね」、と少しでも感じれたら、それはその「感性」こそが宝です。あとはその感性を大切にして、関心のアンテナを立てておくことができれば、それをゆっくり育んでいけます。自分たちの社会を自分たちで少しずつつくっていく感覚です。ピッとアンテナを立てていると、不思議なことに関連する情報に目がとまるようになります。

たとえばこんな情報もあります。今世紀にはいって国際的に企業の社会的責任というものが重視されるようになり、企業活動の全行程において人権侵害をしていないかどうかが問題にされるようになりました。イギリスでは2015年に、現代の奴隷制を防止する現代奴隷法（Modern Slavery Act）がつくられました。一定規模以上の企業に対して、企業活動の全行程において、強制労働や人身売買がないかどうかを特定し、根絶するための手順の報告を求めるものです。具体的には現代奴隷と人身売買についての年次声明を公開する義務があり、日本の企業も多数声明を公開しています。

関心のアンテナを立てて動き出せば、関心がある人とかならず出会います。NGO にも、創造的に活動している人たちや魅力的な人たちがたくさんいます。自分で少しそういう関心のアンテナを立てると、いろいろなことをしている人たちや組織や活動につながると思います。関心のあるイベントに参加してみるなど、少し踏み出してみてください。「これってやはり仕方がないことなんかではない」と考えて、実際に活動を始めているたくさんの人たちとのすてきな出会いが、そこにはあります。そういう人たちに出会うと希望がわいてきますし、力をもらえます。その先には自分が思ってもみなかった化学反応があるかもしれません。

●話し・伝え・考える

いまは人類始まって以来はじめて、一人ひとりがメディアになれる時代です。SNS などを使うことで、多くの人に発信でき、変化をつくっていくことができます。

考えるきっかけとなる作品にふれる、いいと思ったものを紹介する、というのもできることの一つだと思います。たとえば今日お話しした人

図 3 『BLUE HEART』NPO法人ライトハウス
（ライトハウスのウエブサイトhttp://lhj.jp/804より）

身取引被害者相談センターであるNPO法人ライトハウスは、マンガ『BLUE HEART』を高校生と一緒につくりました（図3）。これはウェブサイト https://s.lhj.jp/comic.php で全編を読むことができるようになっています。読むと、人身売買が他人事ではないことがよくわかると思います。「今日こういう話を聞いてこう思った」とか「こんなマンガがあるよ」とつぶやいてみるのもいいかもしれません。

これまで、身近な洋服やスポーツ用品やチョコレートなどがじつは児童労働やスウェットショップ（低賃金・劣悪な労働条件で働かせる搾取工場）でつくられたことをNGO等が調査等で明らかにし、多くの人がそれに「NO」と意思表示し不買運動などをすることで、それらをなくしていこうとする流れをつくってきました。人身売買も同様に、世界中で多くの人が自分にできることをやっています。

たとえば、今日紹介した世界奴隷指標を出したウォークフリー財団の代表はオーストラリアの富豪ですが、彼がこの問題に取り組みを始めたのは、娘さんが人身売買の問題を何とかしたいと話したことがきっかけでした。何とかするために、現代奴隷の推計値を「見える化」しようということでこの指標がつくられ発表されました。みな、職業も社会的な立場も違い、得意なことも違う。そのなかで自分にできることをほんの少しでもやり始める。そういう癖をつける。――そこからものごとが変わっていくのではないかと思います。その時に大事なのは先ほど言った感性なのだと思います。

●行動によって世界は変えられる

ネルソン・マンデラさんは、白人と非白人の人種隔離政策であるアパルトヘイトに反対する運動に身を投じ、当時の南アフリカ政府からは「テロリスト」とされました。獄中でも27年間あきらめず1990年に解放後、南アフリカ大統領となり民族和解を実現させました。95年の生涯のうち67年を人権と社会的正義を求める闘争に捧げられたマンデラさんが言われたことのなかに次のような言葉があります。「自由への道は、単なる政治的な民主化で終わることなく、万人の参画するインクルーシブな社会を目指し継続する、その過程での試行錯誤を通じて社会全体の人間性を高めていけばいい」と。長年闘争されてきたマンデラさんが言われると説得力があります。

一人ひとりに人格があり、長所と短所があるように、社会や国にも長所短所、得手不得手があるのだと思います。民度をあげるとよく言いいますが、社会全体として、試行錯誤を繰り返しながら、社会全体の人間性を高めていけるかどうかが大切な点で、それは一人ひとりにかかっているのだと思います。社会に参加し自分たちがのぞむ社会をつくっていくとう感覚にも通じます。いろんな分野でそうやって立ち上がってきた無数の人たちがいていまの日本があり社会がある。そして今度は自分がアンテナを立てて動き出すと、必ずいい出会いがあります。

みなさんは、これまでたくさんの愛情を受けて、こうしていま最高学府で学び、豊かな可能性に満ちていると思います。しかし、世のなかのみながそうではありません。とても恵まれ、いろいろな人に出会い、知識を身につけ、創造的なヒントを得ているみなさんが、それぞれ自分にできることを人身売買や自分が関心のある分野でやっていけば、日本の社会は大きく変わっていくことができると思います。

最後に、人身売買をなくしていくことができると思う人？　それは私たち次第、ということで終わりたいと思います。

さらにご関心のある方は、『世界中から人身売買がなくならないのはなぜ？』（小島優、原由利子著、合同出版、2010年）もお読み頂ければ幸いです。

V
飼い飼われる共犯関係

ナチズムにみる欲望の動員

田野大輔

（たの　だいすけ）甲南大学文学部教授。1970年生まれ。京都大学文学部卒業。専門は、歴史社会学、ナチズム研究。著作に、『魅惑する帝国——政治の美学化とナチズム』（名古屋大学出版会、2007年）、『愛と欲望のナチズム』（講談社選書メチエ、2012年）などがある。

甲南大学で社会学を教えている田野大輔です。ナチズムの宣伝や当時の文化について、20年以上研究を続けてきました。今日はそういう専門の立場から、お話をさせていただきます。

「飼う」というテーマは、ナチスによる支配の問題と関連性が高いと思います。「飼う」という言葉には、どうしても支配者が服従者に無理やり言うことを聞かせる、服従者は自分の意志を持たずに嫌々ながら、あるいはわけも分からず「家畜」のように従うというニュアンスが付きまとっています。しかしナチズムにおける支配と服従の関係は、そういう角度からだけでは説明できません。私はむしろ、この独裁体制における支配と服従の実態を明らかにすることで、「飼う」という問題についての一般的な見方を変えることができるのではないかと考えています。

1．ヒトラーに従った「家畜」たち？

ナチス、ナチズムというと、独裁者ヒトラーが絶対的な権力を握って国民に無理やり言うことを聞かせていたというイメージでとらえている人が多いと思います。いまでもこういう意見を言う人が研究者の間にもいて、ナチスは過酷な暴力によって国民を抑圧したという見方がなされることがよくあります。みなさんもそういうイメージを持っているのではないでしょうか。それはたとえば、ゲシュタポなどの機関を使って国民の生活をすみずみまで監視して、少しでも言うことを聞かない者がいたらすぐに捕まえて強制収容所に放り込むという見方です。

もうひとつは、巧みな宣伝による洗脳というイメージです。ヒトラーは演説がうまかったから、それを聞いた人はとりこにならざるを得なかったという見方がいまでも時々なされます。ラジオでは四六時中ヒトラーの演説が流されていて、国民は政治家の思う方向に常に誘導されていたというイメージは、依然として根強いものがあります。

この２つをそれぞれ一言で言うと、過酷な暴力による抑圧が監視論、巧みな宣伝による洗脳が誘惑論です。この２つの見方とも、今日のナチズム研究では不十分であることが明らかになっています。こういう見方をした場合、服従者としてのドイツ国民は自分の意志を持たずに、あるいは暴力に怯えながら、ハーメルンの笛吹き男の笛の音に誘われるまま、夢遊病者のように従っていたことになってしまいます。意志を持たない従順な家畜としてドイツ国民が独裁者に従っていたという見方では、ナチズムにおける支配と服従の関係を十分に説明することはできません。この点で、多くの研究者の見解は一致しています。

●「大衆運動」としてのナチズム

ナチズムは大衆運動です。この運動に加わった人たちは、多かれ少なかれ積極的にヒトラーを支持していました。ナチズムは単なる専制支配ではありません。近年の研究では、「賛同による独裁」という見方が提示されています。ヒトラーが独裁的な権力を握っていたことは確かですが、その支配が広範な国民からの積極的な支持によって支えられていたことは見逃せません。

実際、ナチ政権下で何度か国民投票が行われ、ヒトラーが行ったさまざまな政策に対して国民の総意を問う機会がありましたが、公正な選挙ではないにせよ、90％を超える支持を集めました。当時、ゲシュタポなどの警察組織が国民の世論を常に監視していて、批判的な意見が出てきたらすべて上層部に報告していましたが、その報告書からも、国民の圧倒的多数がヒトラーの政策を支持していたことが分かっています。「ヒトラーの政策を」といま言ったことが重要で、後で詳しく説明しますが、じつはナチ党の政策に対しては不満を持つ人が多かったのです。国民の多くはヒトラーをナチ党とは別物と見ていて、彼の言うことには明確に賛同を示していたことが分かっています。

そこで考えるべきは、一見家畜の群れのように独裁者に従っていた人びとは、そこにどんな魅力を感じていたのかということです。人びとを積極的な支持へと走らせたものは何だったのでしょうか。

●末端の権力者を突き動かすもの

ナチズムからいったん離れます。中沢啓治の漫画『はだしのゲン』（1973年～1985年）は、中沢自身の広島での被爆体験に基づいて著された自伝的な作品ですが、当時のドイツ人の行動を考える上でも非常に参考になります。

『はだしのゲン』には、戦時中にゲンの一家をいじめていた町内会長が出てきます。ゲンの一家は進歩的な考えを持っていたので、町内会長はゲンの一家は非国民だと言って事あるごとにいじめていました。ところが戦後、町内会長は政治家として選挙に立候補した際、自分は戦時中から戦争には反対だった、一部の政治家が日本をおかしくした、けしからんやつらだと言って、当時の政府を批判するような演説をしました。それをたまたまゲンが聞いて、「戦時中と言っていることがまったく違うじゃないか、日本が戦争に負けたら反戦の戦士を気取るとは都合がよすぎるぞ」と批判します。このように戦時中と戦後で態度を豹変させた人は、ドイツにもたくさんいました。

ここで考えてほしいのは、町内会長の言動です。確かにゲンが言うように、戦中と戦後で言っていることが真逆なので、調子のいい偽善者とみなさんは思うかもしれませんが、見方を変えれば、町内会長の言動は戦中と戦後で矛盾していません。つまり、その時代ごとの正義、誰もが逆らえない権威を笠に着て、その正しい側に自分の身を置いているという点では、彼の言動は一貫しているのです。この町内会長のような末端の権力者は、正義を盾に異端者を攻撃することで、自分の地位と力を得ています。単にゲンの一家のような異端者を非難するだけで、常に自分の身を正しい側に置くことができるので、そういう単純な処世術に従っているという意味では、町内会長の行動はじつに分かりやすいものと言えます。

『はだしのゲン』を読むと、その時々の正義を振りかざしてはいますが、町内会長のやっていることは私怨で、戦中はゲンの一家をいじめることで自分の不満やうっぷんを晴らしていることが分かります。戦後は政治家として権力と富を手に入れたいという自分の利益、私益の追求をしていると言えるでしょう。一見、時代ごとの大義名分に従って行動しているように見えますが、その実態は憂さ晴らしと私利私欲の追求です。大きな権力に従うことで自分も小さな権力者となり、虎の威を借りて力を振るうことに魅力を感じているのです。

●権威への服従がもたらす「自由」

ここで少し社会心理学的な観点から問題を考えてみましょう。参考になるのは、『es［エス］』（オリヴァー・ヒルシュビーゲル監督、2002年）という映画です。これは監獄実験という心理学の有名な実験を映画化したものです。

映画ではまず、新聞広告で被験者が20人程集められます。被験者は看守役と囚人役に分けられて、大学の構内に作られた模擬監獄で２週間生活することになります。ところが実験が始まると、だんだんと看守役の囚人役への暴力がエスカレートしていきます。映画ではこのように普通の人間が凶暴化していく様子がありありと描かれ、最終的に悲惨な結末を迎えることになるのですが、実際の監獄実験は1970年代初めにアメリカのスタンフォード大学で行われ、わずか6日で中止されました。実験の過程で看守役の虐待が激化し、囚人役のなかに精神の異常をきたす者が出たため、外部の弁護士が介入して実験をやめさせたのです。

『es［エス]』には、暴力がエスカレートする最初のきっかけとして、何人かの看守が騒ぎ出した囚人たちを鎮めようと消火器を噴射するシーンが出てきます。看守らは囚人たちの暴動を鎮圧した後、彼らの服をすべて脱がして裸にし、手錠をかけて監獄の柵にくくり付けました。このように屈辱を与えた後で、看守たちが控室に戻ってきた時に発したせりふが重要です。ある看守が「少しやり過ぎじゃないか」と言ったのに対し、別の看守が「まずかったら上の連中がやめろと言うはずだ」と答えるのです。

このせりふに、権威に服従する人間の心理が端的に表れています。権威に服従している人は、いわば「道具的な状態」に陥っています。自分の意志で行動しているのではなく、上の命令者の意志の道具になっているのです。この場合、彼らは客観的に見ると従属的な立場にいるのですが、服従している本人の内面では、自分が何をしても責任を問われないという、解放感とでも言うべきものが生じています。逆説的なことに、服従によってある種の「自由」が感じられるようになっているのです。

監獄実験が明らかにしたのは、権威への服従が道具的な状態をもたらし、人びとの道徳心を失わせ、無責任な行動に走らせるということです。この実験で看守役の暴力がエスカレートしたのも、権威への服従がもたらした独特の心理状態が原因です。

●「人種汚辱」キャンペーン

ここからナチズムの具体的な話に入っていきます。ヒトラー政権下で

図1　異端者をさらし者にする権力者と同調者たち
（出典：Michael Wildt, *Volksgemeinschaft als Selbstermächtigung. Gewalt gegen Juden in der deutschen Provinz 1919 bis 1939*, Hamburg 2007, S. 236.）

も異端者への暴力はさまざまなかたちで噴出していました。最も有名なのはアウシュヴィッツ収容所などでのユダヤ人の虐殺ですが、もっと人びとの身近な日常生活にかかわるところでも暴力的な行動が発生していて、そういう行動にこそ権威への服従のメカニズムが端的に表れています。

そうした行動のひとつとして、「人種汚辱」キャンペーンが挙げられます。これはユダヤ人排斥の一環としてナチ党が中心になって全国各地で実施したもので、ユダヤ人とドイツ人のカップルを捕まえて公衆の面前で罵倒し、「ドイツ人の神聖な血を汚した忌むべき存在」としてさらし者にしたのです。ユダヤ人を夫に持つ女性やユダヤ人と交際中の女性など、ドイツ人の女性に被害が集中していたようです。女性がドイツ人で男性がユダヤ人というケースが大半で、男女が逆のケースはあまりありませんでした。

その様子を写した写真を見てみましょう。ここでは、若い女性が「私はドイツの女性なのにユダヤ人と寝ました」と書かれたプラカードを首にかけられ、何人もの突撃隊員たちに囲まれながら町の目抜き通りを歩かされています（図1）。「私は民族共同体から排除されました」と書かれたプラカードを首にかけられ、広場の中心に独りで座らされている様子を写した写真もあります。いずれの写真にも、異端者をさらし者にする権力者と同調者たちがたくさん写っています。先ほどのゲンの町内会長と同じように、当時のドイツ人の多くもナチ時代に正しいとされていた強い権威の側につき、そこからはみ出す者を寄ってたかって攻撃するような行動を取っていたのです。

図1の突撃隊員たちの脇を一緒に歩いている女性の表情に注目してください。にやにやしています。「ざまあみろ」とでも思っているのか、野次馬として行列に加わっているだけなのか、ともかく楽しげな様子です。ナチ党側がこうした行動を事前に告知したこともあって、町の広場や目抜き通りには見物人がたくさん集まっているのですが、そういう人たちも遠巻きに眺めています。権力者と同調者・傍観者たちが一緒になって異端者を排除し、それを町ぐるみで一種のショーとして演出しているわけです。

ナチ時代の社会は、こういう排除のメカニズムによって形成され、維持されていた面があります。ヒトラーという権威に従う小さな権力者たちが、多くの同調者や傍観者を巻き込みながら作り上げる多数派の社会、それがナチスのいう「民族共同体」です。

2.「民族共同体」

ナチスは自分たちの社会を「民族共同体（フォルクスゲマインシャフト）」と呼んでいました。これは彼らにとって最も重要な理念で、この「民族共同体」という理想的な社会を建設することが、ヒトラーやナチ党の目標だったのです。民族共同体は内部に対してはすべての成員の結

図２　悪の権化ユダヤ人

（出典：*Der Stürmer. Deutsches Wochenblatt zum Kampfe um die Wahrheit*, Nr. 25, 12. Jahr (1934).）

束を、外部に対してはあらゆる敵と異端者の排除をもとめるもので、いずれにせよ絶えず敵と味方を区別することで形成・維持される一致団結した社会です。とくにユダヤ人を中心とした敵への憎悪がかき立てられ、さらには同調しない異端者や敵と通じる裏切り者を排除することで、その同質性と凝集性が維持されるという仕組みになっていました。

ナチ党はさまざまな機関紙を発行していましたが、最も悪名高い反ユダヤ的な機関紙『突撃兵（デア・シュトゥルマー）』は、ポルノまがいの性的なイメージを用いながら、敵であるユダヤ人への憎悪を絶えず煽り立てていました。同紙に掲載されたあるイラストは、醜いユダヤ人が可憐なブロンドのドイツ人女性を陵辱しているところを描いています（図２）。

こういうイラストを見て、読者は何を感じたのでしょうか。おそらく、

「こんなことをするユダヤ人はひどいやつらだ」と憤った人も多かったと思われます。性的な欲望を満たすために罪のない女性をいたぶるなどということは、誰にとっても許しがたい行動ですから、読者がナチ党側のメッセージを受け入れるかたちで、ユダヤ人の悪行に対して憎悪を抱いても不思議ではありません。このようにナチスは、多くの人びとに悪辣な敵への義憤を抱くよう仕向けることで、彼らを道徳的に正しい味方の側に引き込もうとしていたと言うことができます。民族共同体という理想の社会は、そうしたメカニズムによって形成され、維持されていたのです。

●階級対立の克服

それでは、味方の世界としての民族共同体はどういう社会だったのでしょうか。

ナチ党の女性団体の機関誌の表紙には、中央に兵士が立ち、その両脇にシャベルを持った労働者と鎌を持った農民が立っているイラストが掲載されています（図3）。その3人の後ろには、母親と子どもが描かれています。前に立つ3人は母子を後ろにして外側を向いていて、外部の敵や異端者から自分たちドイツ人の家庭を守っているという構図になっています。そして説明文には、「我々は帝国を担い、建設する。労働者・農民・兵士」と書かれています。職業は違っても、この3者いずれも民族共同体の担い手であり、建設者だということです。民族共同体という言葉自体もそうですが、絶えず身分や階級を超えた結束や連帯が強調されます。何らかの崇高な大義、ここではドイツの平穏な家庭を守るという正義のために、一致団結する社会が理想とされていました。

身分・階級を超えた結束や団結は、ヒトラーの演説でも必ず強調されたポイントです。ヒトラーは多い時で1年に200回程、いろいろな場所で演説をしたのですが、その内容はどれも似たり寄ったりです。主旨だけ抜き出せば、「貧しい人も富める人も、労働者も知識人もみんな力を

図３　ナチ党女性団体の機関誌の表紙
（出典：*NS-Frauenwarte. Die einzige parteiamtliche Frauenzeitschrift*, H. 21, 8. Jg. (1940) 1. Maiheft.）

合わせて、ドイツのために頑張ろう」ということしか言っていません。それが民族共同体という言葉の意味です。そういう階級対立の克服という目標が、民族共同体にとっては重要だったのです。

ナチスはさまざまな取り組みを通じて、民族共同体を無階級社会として提示しようと努力していました。そうした取り組みのひとつに、労働者階級を称揚する宣伝キャンペーンが挙げられます。それまで肉体労働者は、精神労働者である知識人に比べて蔑視されていたのですが、「これからの社会では、肉体労働者も精神労働者もドイツのために働く点では一緒だから、手を携えて頑張ろう」と、肉体労働者を称揚したのです。

逆に、一部の資本家や知識人はろくに働きもしないのに贅沢三昧でけしからんと、不当利得者として批判されました。もちろん、そういう批判とユダヤ人への批判は一部重なっているのですが、ドイツ人であっても、人から搾取して利益を得ているとにらまれた人たちは糾弾されました。たとえば、公務員などが不正をするとたたかれて、見せしめに厳しい処分を受けたりしました。このように民族共同体は公正な社会と考えられ、平等主義的・社会主義的な側面も持っていました。

●「喜び」を通じて「力」を

さらに実際の取り組みとして重要だったのは、国民に対する実利の提供です。それまで多くの国民、とくに労働者には、旅行に行ったり車を運転したりする機会はほとんどありませんでした。これに対してナチスは、労働者に対して旅行やスポーツ、映画鑑賞、美術館や博物館の見学、コンサートやオペラの鑑賞といったさまざまな余暇活動への参加の機会を与えました。労働者の余暇を充実させる目的で、「歓喜力行団（クラフト・ドゥルヒ・フロイデ)」という組織も作られました。直訳すると、「喜びを通じて力を得よう」という意味です。豪華客船を造って労働者を乗せ、ノルウェーのフィヨルドやポルトガルのマデイラ島に連れていくなど、団体旅行をあっせんするツアー会社のような活動もしていました。組織名が示す通り、労働者に喜びを与えることで、彼らの労働生産性を高めようとしたのです

ドイツを代表する自動車メーカーにフォルクスワーゲンがありますが、カブトムシのようなかたちをした同社の乗用車「ビートル」はナチ時代に造られた車で、当時は「歓喜力行団の車」と呼ばれていました。それまで特権階級しか所有できなかった自動車を、労働者にも手の届くものにしようという謳い文句で宣伝されました。実際にはナチ時代に生産されなかったので約束だけに終わってしまったのですが、工場は完成していたので戦後すぐに生産が始まりました。単一モデルとして世界で最も売れた自動車で、その累計生産台数の記録はギネスブックにも載っています。

それまで特権階級しか得られなかった喜びを労働者にも提供すること

で、彼らを民族共同体に統合し、平等な社会を形成しようとする側面がナチズムにはありました。この点も、最近の研究では重視されています。

3．統合の焦点としてのヒトラー

それでは、民族共同体と独裁者ヒトラーの関係はどうなっていたのでしょうか。これを簡単に言うと、民族共同体は国民全体が結束している状態であり、その核となるのがヒトラーということになります。

●『意志の勝利』

ヒトラーの依頼でレニ・リーフェンシュタールという女性監督が撮った記録映画『意志の勝利』（1935年）は、1934年にニュルンベルクで開催されたナチ党大会を撮影したものです。この映画の主役はもちろんヒトラーで、彼の登場シーンが大半を占めていますが、映像の多くはヒトラーを下から見上げて撮ることで、彼を偉大な指導者として理想化しています。

この映画を見ると、ヒトラーが単なる独裁者ではなかったことが分かります。当時の国民世論に関する警察当局の報告書でも、ヒトラーが民衆の間で人気を集めていた事実がたびたび指摘されていますが、その最大の理由は、彼が庶民の味方で、貧しい労働者の気持ちを理解し、代弁してくれる人物と思われていたからです。実際にヒトラー自身、若いころは貧しく不安定な生活を送っていました。本当は親の遺産があったので、それほど生活に困ってはいなかったようですが、一時は浮浪者収容所のようなところで生活していたことは事実です。ほかの政治家と比べると出身階層が低いこともあって、多くの人は彼を庶民の気持ちが分かる政治家だと考えていました。ドイツの首相になってからも、絶えず総統と国民の一体性が強調され、「ヒトラーは民衆から出て、民衆のなかにとどまっている」などという神話が、宣伝大臣ヨーゼフ・ゲッベルスによって繰り返し喧伝されました。

図4　『意志の勝利』の冒頭シーン
（出典：Leni Riefenstahl, *Triumph des Willens*, 1935.）

『意志の勝利』の冒頭シーンでは、ヒトラーが飛行機でニュルンベルクの町にやってくる様子が映っています。着陸した空港から宿泊先のホテルまでの沿道を、オープンカーに立ってパレードしながら進んでいくシーンが5分程続きます。カメラはおおむねヒトラーを斜め後ろから撮影しているので、画面にはヒトラーの後ろ姿と、その向こうに彼を歓迎する群衆が映っています（図4）。つまりこの映画を見る観客は、ヒトラーと視線がほぼ同一化する構図になるわけです。ヒトラーを正面から映すのではなく、背後から映すことは、彼が何を見ているのかを分からせるためには効果的です。観客は自分の視線をヒトラーの視線と同一化させて、喝采を送る沿道の人びとを見ることになります。観客は沿道の人たちと同じ立場ですから、彼らはヒトラーの視線を通じて自分自身を見ていると言うことができるでしょう。この映画はヒトラー崇拝を映像化した作品とよく言われるのですが、このように見るとそれは大衆の自己崇拝と表裏一体で、自分の姿に見とれる大衆のナルシシズムがヒトラーの人気の秘密と言うことができるのです。

●アイドルとしてのヒトラー

ヒトラーの人気の理由は、ほかの角度からも説明することができます。ナチ時代、ヒトラーは国民の間でとても人気があったので、彼を取り上げたたくさんの写真集が発売されていました。日本でかつて流行った野球カードのように、タバコを買うともらえる写真を貼り付けて完成させるアルバムが発売され、その発行部数が30万部以上もあったのです。

ヒトラーは一応独身ということになっていたので家庭を持っていないのですが、オーストリアに近い山岳地域のオーバーザルツベルクというところに山荘を持っていて、休暇中はそこで何か月も過ごしていました。その休暇を過ごすヒトラーに焦点を当てた写真集が数種類あり、それぞれ数十万部発行されていました。当時のドイツではどの家庭にも１冊はあったのではないかと思われるほどの発行部数です。

そういう写真集で強調されているのは、ベルリンで公務に就いている時の厳しく険しい顔をしたヒトラーではなく、休暇をゆったりと過ごしている彼の打ち解けた人間的な表情です。ある写真には、「総統も笑うことがある」というキャプションが付いています（図５）。「我々が知っているヒトラーは厳しい顔をした総統だが、私生活ではこんなに温和な表情を見せることもある」というギャップが、ここでは強調されています。

リーフェンシュタールが撮ったベルリン・オリンピックの記録映画『民族の祭典』（1938年）にも、このような表情をしたヒトラーが登場しています。ヒトラーは全部あわせても１分程しか出てこないのですが、競技の合間に時々ちらちらと映っています。そういう映像では、ドイツの選手が競技で活躍するのが嬉しくてたまらないといった顔をしています。無邪気に競技の観戦を楽しんでいるようです。こういう表情を見た観客は、ヒトラーは自分たちと同じ感情を持っている、ほかのお偉方と

図５　「総統も笑うことがある」
（出典：Cigaretten-Bilderdienst (Hrsg.), *Adolf Hitler. Bilder aus dem Leben des Führers*, Altona / Bahrenfeld 1936, S. 14.）

は違うと感じたに違いありません。そこにヒトラーへの信頼感、愛着の秘密があります。当時のドイツ人にとって、ヒトラーはまさにアイドル（偶像）だったと言えるでしょう。

●「普通の人間」のイメージ

もう少しこの問題を考えていきましょう。当時ヒトラーを目撃した人びとに戦後インタビューをしてまとめた資料集があります。それを読むと、「ヒトラーは偉大で厳しい表情をした、ポスターに出てくるような人物かと思っていたが、実際に見てみたら意外に背が小さくて、愛らしくチャーミングだった」という回想がたくさん出てきます。こういうギャップが人びとの意識に作用して、ヒトラーは自分たちと同じ心を持つ善良な指導者である、彼は普通の人間だからこそ一般人の気持ちが分かるという考えにつながっていきます。

先ほどご紹介したタバコ・アルバムのなかに、このあたりの意識を反映した写真が掲載されています。この写真には、「少年が総統に病床の

図6　「少年が総統に病床の母親の手紙を手渡す」
（出典：Cigaretten-Bilderdienst (Hrsg.), *Adolf Hitler. Bilder aus dem Leben des Führers*, Altona / Bahrenfeld 1936, S. 39.）

母親の手紙を手渡す」というキャプションが付いています（図6）。少年が独りで山荘を訪れて、ヒトラーに母親から預かった手紙を渡しています。この少年のお母さんは病気で寝込んでいて、総統への切実な思いを手紙にしたため、それを我が子に託したのでしょう。少年が遠路はるばる山荘までやってきて総統に手紙を届け、それを読んだヒトラーは「大変だったな」と少年の境遇に同情しているように見えます。

この写真から読み取れることは、それだけではありません。たとえばみなさん、お母さんが病気で困っているとしたら、その時に相談に行くのは地元の病院や役所、せいぜい地域の有力者のところぐらいではないでしょうか。ところがこの少年は、そこではらちがあかないから、ヒトラーのもとに直接相談しにきているのでしょう。この少年が実際に地元の関係者に相談したかどうかは分かりませんが、そういう人たちでは頼りにならないという暗黙の了解があったことが、ここには示されています。こういうメッセージをナチ党側がどこまで意図して提示したかは不明ですが、この写真から読み取れるのは、当時の国民の多くが自分たちと同じ心を持つヒトラーには信頼を寄せていたが、彼以外のナチ党員や役人たちには不信の念を抱いていたということです。

ヒトラーはほかの多くの政治家や党員たちとは違って、庶民と変わらない善良で誠実な心を持った指導者だと思われていました。君や僕と同じような普通の人間、誰もが共感を寄せることのできる人物で、しかも相手が子どもであろうが政治家であろうが差別せず、率直に願いを伝えればそれを聞き届けてくれるのです。どんな人にも総統の心に通じる道は開かれていて、官僚機構を飛び越えて彼に直接訴えることができ、そうすればどんな問題もたちどころに解決してくれるというわけです。

こうした夢のようなイメージは、国民が自分たちの願望や期待を投影して作り上げたものでした。ヒトラーを自分たちと変わらない人間、どんな願いもかなえてくれる存在と見なすことで、人びとはその絶大な権威のもと、みずからの利益や欲求の充足をはかっていたと言うことができるでしょう。

4．性的欲望の動員

ところで、拙著『愛と欲望のナチズム』（講談社選書メチエ、2012年）で詳しく論じていることですが、性の問題に関しても、これまで話してきたのと同じようなメカニズム、ナチズムが国民の欲望を取り込んで拡大していく仕組みを見出すことができます。

一般的な見方では、ナチズムは抑圧的な体制であって、その支配下で暮らす人びとは自分のしたいこと、とくに性的な欲望を厳しく制限されていたかのようなイメージが強いと思います。実際にそういう側面がなかったわけではありません。たとえばヒトラーユーゲントやドイツ女子青年団といった青年組織では、若者は結婚するまで貞節を守るべきで、女性の役割は子どもを産むことだと言われており、ナチスが国民の性生活を強制的に管理した側面があったことは確かです。

しかし同時に、ナチスは国民に反対のことも言っていました。具体的には、性を抑圧する上流階級の偽善的な態度を批判し、もっと率直に性の喜びを認めるべきだという主張も行なっていたのです。私たちの社会では、公の場所で性的な話題を口にすることはタブーになっています。常識のある人なら、電車のなかで大声で下ネタを話したりしないでしょう。また、子どもに対しては性的な話題を控える習慣もあります。たとえば3歳ぐらいの子に「自分はどうやって生まれてきたの？」と聞かれたら、「自分たち両親がセックスをしたからだよ」とは答えません。「コウノトリが運んできた」などとうそをつきますが、そういうふうに性を抑圧してタブー視するのはけしからんと、ナチスの一部の人たちは主張していました。それは偽善であり、肉体を罪悪視することであって、キリスト教の倫理に由来するそうした考えこそ、人びとの性生活を堕落させた元凶だと批判したのです。

●「進歩的」な性教育の推奨

実際にも当時、小さな子どもにもきちんと性の知識を伝えるべきだという立場から書かれた性教育書がいくつか発行されていました。ナチスにとっては子どもをたくさん増やすことが最優先の課題だったので、人びとにどんどんセックスをしてもらわないと困ります。そういう事情もあって、「寝た子を起こすな」的な古い性道徳からの脱却が求められ、ある意味で進歩的な性教育を推奨することになったのです。もちろん建前としては、ドイツの家庭は重要である、結婚生活は守られなければならないと言うのですが、ヒトラーをはじめとするナチスの指導者たちは内心では、結婚をしていようがしていまいが、セックスをして子どもができればそれでいいと考えていました。そのためには何よりも、性を抑圧する上流階級の偽善、上品ぶった態度が邪魔でした。そこでヒトラーは彼らを批判して、「上流階級は私生児を産んだ母親を非難するのに、自分は離婚歴のある女性と結婚しているではないか」などと、それだけ聞けばまっとうなことを言うのです。

性を抑圧するとさまざまな弊害が生じる、ナチスはそう考えていました。たとえば性的な話題を親の前で口にしてはいけないと教えられた子どもは、心のなかで良心の呵責を感じ、自分の性的な欲求を抑圧するようになります。当時の性教育書は、そうした抑圧によって同性愛などの性的倒錯が生じると主張していました。あるいはまた、親が性の知識をきちんと教えないために、子どもは悪い友だちに感化され、性的非行に走ってしまうという見方もありました。このようにナチスは、性を抑圧することはよくないから、積極的に性の喜びを肯定しようという進歩的な考え方を提唱していた側面があります。

●性欲の解放

ナチ政権下では、健康な男女が自然な欲求に従って交わることは素晴らしい、そういう営みを汚れたものと批判するのは偽善的だなどとして、性の喜びが積極的に支持されていました。実際、ナチ党公認の芸術展には裸の男女が抱き合っている彫刻が出品されていましたし、映画や雑誌などにもたびたび官能的な女性のヌードが登場していました（図7）。こういったものをわいせつだと批判する保守的な人もいましたが、ヒトラーらナチスの指導者たちは「みんなが求めているものを見せてどこが悪い」と開き直って、これをはっきりと認めていました。生殖の奨励という目的のもとで、あるいは「自然な欲求」という大義名分のもとで、実際には人びとの欲望の充足が促進されていたのです。

もちろん、欲望の充足を許されたのは国のために尽くした男性、とく

図7　ナチ党公認の芸術展に出品された彫刻
（出典：*Große Deutsche Kunstausstellung 1941 im Haus der deutschen Kunst zu München. Offizieller Ausstellungskatalog*, München 1941.）

に兵士たちが中心だったことを忘れてはなりません。ナチスは彼らの性欲を満たすためにさまざまな取り組みをしているのですが、なかでも悪名高いのは売買春に関する政策です。日本ではいわゆる従軍慰安婦や慰安所の問題が話題になっていますが、ドイツの政策はその点でも徹底しています。とくに戦時中は、事実上の国営の売春宿が最大500軒ほど作られていました。フランスを占領した際には、現地にもともとあった売春宿を接収して国防軍の兵士のために使いましたし、ポーランドやソ連の占領地域では、現地の女性を半強制的に徴募して新設の売春宿で働かせていました。その目的はいろいろとありますが、一言で言えば、ドイツのために戦う男たちへの報酬です。兵士の忠誠心や戦闘力を強化するために、性が刺激剤として活用されていたのです。これは国の公的なお墨付きのもとで、国民一人ひとりの欲求充足が奨励されていたという分かりやすい事例だと思います。

5.「家畜」たちの暴走

これまで見てきたように、ナチスは基本的に欲望を抑圧したというよりは、解放した側面が強かったと私は考えています。解放したほうが国家の目的に役立つケースが多かったからです。その際、上流階級のぜいたくや偽善のようなものも同時に批判されたので、多くの人びとは錦の御旗のもと、みずからの欲望を満たすことができるようになりました。ユダヤ人などの敵や不当利得者への義憤と結合するかたちで、持たざる者の私利私欲の追求が可能になったのです。

「飼う」という問題と結び付けて言えば、ナチ支配下のドイツ人たちは一見「家畜」の群れのように見えます。ナチスは人びとにいろいろなエサを与えて、自分の言うなりに従わせていました。しかし当時の人びとは、単に盲目的に従っていたわけではありません。彼らの欲望の追求は、暴利をむさぼるユダヤ人や不当に利益を得ている金持ちとは違って正しい行動、当然の要求として正当化されていました。そういう大義名分のもとで私利私欲を追求していった結果、義憤にかられた人びとが暴走していきます。ユダヤ人に対する残虐な暴力行為も、そうした観点から見ることができるでしょう。ユダヤ人への憎しみだけが、激烈な攻撃を引き起こした原因ではありません。人びとの欲望が絡んでいるために、暴力が過激化していく側面があったのです。確かにこれを「家畜」というイメージで捉えることもできるのですが、「飼われていた」あるいは「単に受動的に言うことを聞かせられていた」というよりは、自分から積極的に欲望の充足を求め、そこに加わっていったと見るべきだと思います。

●「彼らは自由だと思っていた」

ドイツ人がなぜヒトラーに従ったのかという問題を考察した研究としては、エーリッヒ・フロムの『自由からの逃走』(1941年）という本が有名です。フロムの主張を簡単にまとめれば、ドイツの人びとはワイマール時代の自由が苦しくなって、その重荷から逃れるために独裁のもとに走ったということになります。じつは私自身がナチズム研究を志したのは、学生時代にこの本を読んで、何か違うのではないかと思ったことがきっかけです。その疑問を解決しようと研究の道に入ったのですが、20年以上研究してみてやはり、「自由からの逃走」という見方は実態とはかけ離れているように感じています。むしろ、戦後に出たミルトン・マイヤーの『彼らは自由だと思っていた』(1955年）という本のほうが、ヒトラーに従った人びとの意識をよく表現しているように思います。この本では、彼らは一見家畜のように独裁者に従わされているが、内心では自分の利益を追求する機会が与えられて、「自由だと思っていた」のだという見方が提示されています。

監獄実験などの心理学の実験でも明らかにされているように、権威への服従は人びとを道徳的な拘束から解放する側面があります。その意味で、服従者は単に受動的に従っているわけではありません。ナチズムにおいても、支配者と服従者が一種の共犯関係にあったと言うことができるでしょう。どちらが加害者でどちらが被害者かという問題ではなく、お互いがこの関係を支え合うような状態にあり、それが戦争やアウシュヴィッツという悲惨な結末を生んだのではないかと思います。

飼う、飼われるという見方は、ナチスの支配を考える上では少し誤解を招きかねない側面があります。むしろ私たちは、一見「飼われている」ように見える服従者も内面では「自由」を感じており、だからこそ「飼う」側の人たちに積極的につき従っていたのではないかと考えるべきでしょう。この点を最後に指摘して、私の話を終わりにさせていただきます。

「もう一つの臓器」腸内細菌叢の機能に迫る

福田真嗣

（ふくだ　しんじ）慶應義塾大学先端生命科学研究所特任准教授。1977年生まれ。明治大学大学院農学研究科修了。博士（農学）。専門は、腸内環境制御学。著作に、『おなかの調子がよくなる本』（ベストセラーズ、2016年）などがある。2013年、文部科学大臣表彰若手科学者賞受賞。2015年、科学技術・学術政策研究所「科学技術への顕著な貢献2015」受賞。2017年、第1回バイオインダストリー奨励賞受賞。

みなさん、こんにちは。慶應義塾大学の鶴岡にある先端生命科学研究所から参りました福田です。今日は、みなさんがおなかのなかで飼っている――あるいは飼われているのかもしれないのですが――腸内細菌という微生物のお話をしたいと思います。おなかのなかの微生物は、私たちが生きる上で重要な機能を持っていることが近年の研究で分かってきました。

今日の話の中心は、われわれが「茶色い宝石」と呼んでいる「便」についてです。みなさんが腸内に飼っている腸内細菌の情報が、じつは我々の疾患の予防や治療などにつながっていくことを３つの観点からお話します。

まず、腸内環境と私たちの生命活動との複雑な関係、それからもう一つの臓器としての腸内細菌叢の機能、そして最後に「茶色い宝石」が切り拓く、病気ゼロの社会、つまり新たな未来の創出について話をしたいと思います。

1．腸内環境と私たちの生命活動との複雑な関係

●腸内細菌叢と生体恒常性

みなさんはおなかのなかがどうなっているか知っていますか。腸内細菌や腸内フローラという言葉を知っている人はどのくらいいるでしょうか。この腸内細菌や腸内フローラという言葉は、現在では一般の人も知るような状況になってきていますが、じつは研究の分野では10年以上も前からホットトピックスです。

腸管には小腸と大腸がありますが、食べ物が通る小腸には、ねばねばした粘液層があります。その下に絨毛と呼ばれるひだがあります。ひだ状になっているのは栄養素を吸収できる面積を広くするためで、ひだをすべて広げるとテニスコート１面半分ぐらいになると言われています。この表面を電子顕微鏡で見ると、いろいろな腸内細菌がくっついています。丸いのがいたり、長四角がいたり、いろいろな菌がたくさんいます。

小腸の管の内側は管腔と呼ばれ、食べ物が通るところで、ここに腸内細菌がいるのですが、じつは絨毛の下の方にいくと腸内細菌はあまりいません。これは腸管陰窩の細胞から抗菌ペプチドや免疫グロブリンといったものが分泌されているからです。そうすることで、腸内細菌が私たちの体側にあまり近寄ってこないように、いいバランスを保っています。そのバランスを乗り越えて、腸内細菌が私たちの体側にきてしまうと、炎症反応などが起こって、いろいろな病気につながっていきます。

小腸から大腸に入っていきますと、絨毛が短くなります。大腸内には無数の大腸内の細菌叢があり、これはちょっとした宇宙や銀河にも見えます。大腸のなかにもたくさんの菌がいますが、腸内細菌の多くは運動性を持っていません。何故かと言うと、腸内細菌は私たちのおなかのなかで待っているだけで、自分たちの栄養素がどんどんやってくるからです。腸内細菌が栄養素にしているのは、私たちが食べたものの未消化物です。たとえば食物繊維のようなもの、あるいは難消化性のタンパク質

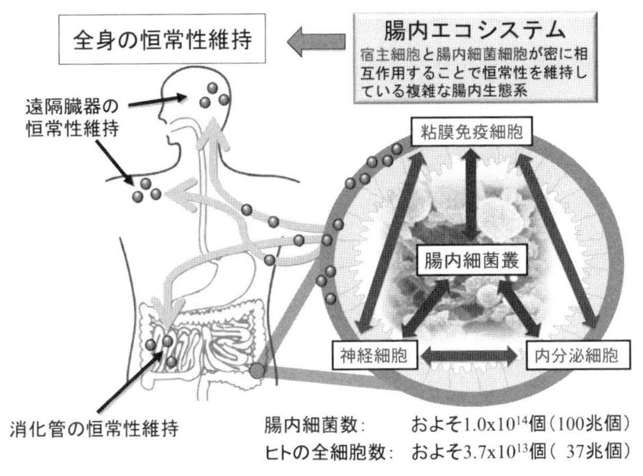

図１　体の断面図

のようなもの。これらを分解して、自分のエネルギーとしてうまく使います。

その最後に、腸内細菌自体も、いろいろな化合物を自らには必要ないものとして排出します。これがいわゆる代謝物質と呼ばれるものです。腸内細菌が腸内でつくりだしたこうしたさまざまな代謝物質もまた腸で人間に吸収されて、血中に移行し全身を回ります。その結果、腸内細菌がつくりだす代謝物質は、私たちの腸の状態に影響を及ぼすだけではなく、全身のさまざまなところに影響を及ぼすことが分かってきました。

もう１回おさらいしましょう。図１が私たちの体の断面図です。われわれの体は口があって、食道があって、胃があって、小腸、大腸があります。腸管というのは、栄養素を吸収する重要な臓器ですが、その腸を輪切りにしますと、この栄養素を吸収する吸収上皮細胞以外にも、免疫細胞や神経細胞、内分泌細胞といったさまざまな細胞が点在しています。

腸管のなかには、これから論じる腸内細菌がいます。彼らも私たちの細胞と複雑に相互作用することで、おなかのなかのバランスを保っています。私たち人間の細胞と、腸内細菌の細胞とが複雑に絡み合うことによってつくられている生態系を私たちは「腸内エコシステム」と呼んでいます。この腸内エコシステムのバランスは、腸管局所、たとえば下痢や便秘にも影響します。さらにそれだけではなく、腸内でつくられたさまざまな物質が血液に入ってきて全身に移行するため、私たちがおなかのなかで飼っている腸内細菌たちのバランスが、全身の恒常性の維持にも非常に重要な役割を担っていることが分かってきたのです。

この腸内細菌の数ですが、みなさんのおなかのなかには、およそ100兆個の細菌がいると見積もられています。一方、みなさんの体を構成する細胞の数は、およそ37兆個と見積もられています。つまり私たちの体を構成する細胞の数よりもはるかに多い数の腸内細菌が、おなかのなかにはすみついています。その種類はだいたい数百から、多くて1,000種類ぐらいといわれています。

2000年にノーベル生理学・医学賞を受賞されたジョシュア・レーダーバーグ先生は「われわれ人間はスーパーオーガニズム（超生命体）である」とおっしゃっています。どういうことかというと、私たち真核生物の細胞と、原核生物である腸内細菌の細胞が合わさって、「人間」というものは構成されている、そういった超生命体であるという意味です。したがって、たとえば私たちの健康、あるいは病気をきちんと理解しようとした場合、やはり私たちの体側の細胞だけではなく、この腸内細菌も含めた形で、統合的に理解する必要があるのではないでしょうか。

●主な腸内細菌の種類と機能

代表的な菌を図にしてみました（図２）。ビフィズス菌と大腸菌の名前ぐらいは聞いたことがあるのではないでしょうか。じつは大腸菌は腸内細菌の中では数が少ない部類に入ります。みなさんのおなかのなかに大腸菌は１％もいません。バクテロイデスやプレボテラといった菌のほうが数は多く、こうした腸内細菌は、私たちのおなかのなかでビタミンや

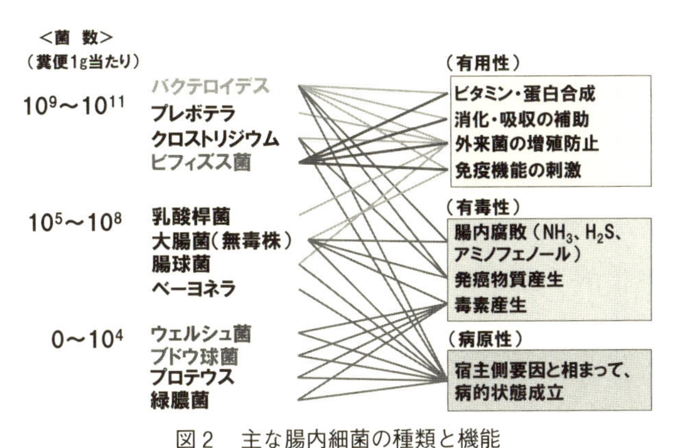

図２　主な腸内細菌の種類と機能

（財）日本ビフィズス菌センター監修/光岡知足　編「腸内フローラと健康」参照

アミノ酸をつくったり、消化・吸収の補助をしたり、外来菌の増殖防止や感染症の予防をしたり、あるいは免疫系を活性化したりします。しかし一方で、私たちの体に病気を促してしまうような病原性を持つ菌もいます。こういうさまざまな腸内細菌が複雑に絡み合っておなかのなかの腸内生態系はできあがっています。

●年齢と腸内細菌叢

では、私たちの腸内細菌の集団（これを腸内細菌叢と呼びます）はどうやって構成されていくのでしょうか（図３）。

出生前、お母さんのおなかのなかにいる間は無菌状態で、まったく菌はいません。ところが、お母さんのおなかから生まれてきた瞬間に、外界に存在するさまざまな微生物に暴露されて、体内に入ってきます。私たちの目には見えませんが、みなさんの全身は菌に覆われています。おなかのなかには100兆個の細菌がいると言いましたが、体の表面には全部で１兆個の菌がいることが知られています。

生まれる前にはおなかの中に菌はいません。ところが、生まれた瞬間にいろいろな菌に暴露されて、大腸菌やバクテロイデスなどさまざまな

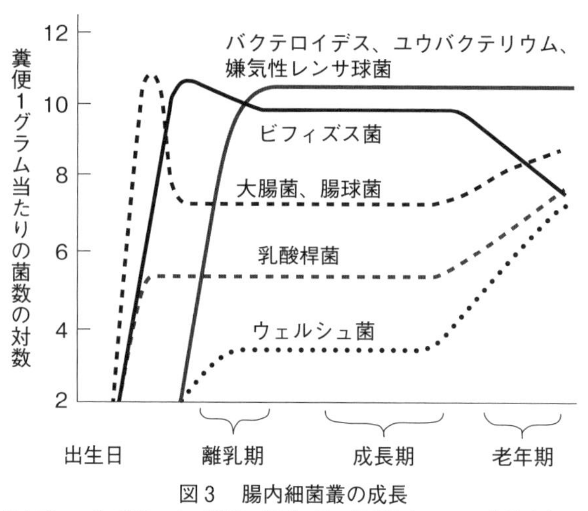

図3　腸内細菌叢の成長

（財）日本ビフィズス菌センター監修/光岡知足　編「腸内フローラと健康」より作成

菌が増えます。ところがお母さんのおっぱいやミルクを飲むと、ミルク中の成分をうまく自分の栄養素として利用できるビフィズス菌などが増えてきます。

その後半年ぐらいたつと、離乳期に入り、食事が母乳やミルクから離乳食に変わります。離乳食を食べはじめると、いろいろな栄養素をうまく使える腸内細菌がおなかのなかで増えてきて、ビフィズス菌は少し減ります。そして人間の場合、3歳以降ぐらいから大人型の腸内細菌叢に変わることが分かっています。みなさんはちょうど成長期から壮年期ですから、腸内細菌叢のパターンはすでに構築されている状態です。

ところが、年を取っていくと、また腸内細菌叢のパターンが変わります。たとえば消化吸収能や免疫力が低下するなどの影響によって、腸内細菌叢のパターンが変わるのです。

●健康成人の消化管各部位の腸内細菌叢

どういう腸内細菌がどれだけいるかを、横軸を私たちの体の消化管の

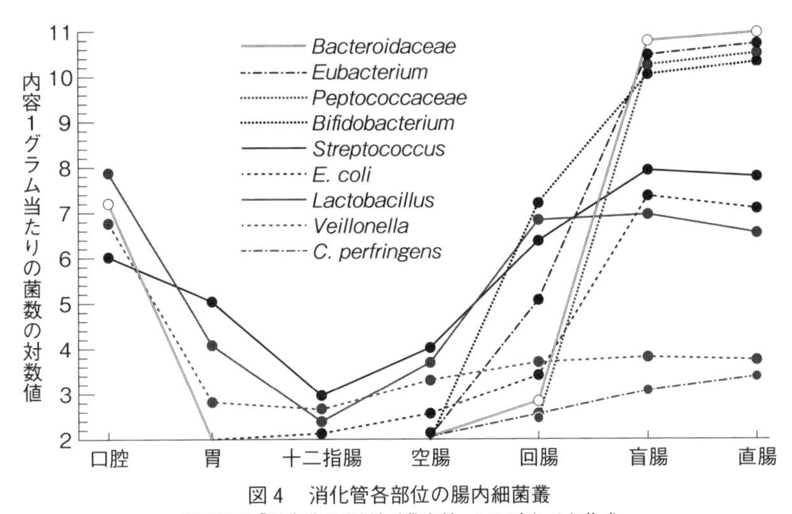

図4　消化管各部位の腸内細菌叢

光岡知足『腸内菌の世界』（叢文社、1980年）より作成

場所にして図にしてみました（図4）。たとえば口の中には、1グラム当たり10の8乗ぐらいの菌がいます。虫歯を引き起こす菌は知られていますが、それ以外にもたくさんの菌がいます。

●環境要因に左右される腸内細菌叢

腸内には、数百から1,000種類ぐらい、さまざまな菌がいます。腸内細菌叢のパターンは何によって決まるのでしょうか。

これについては面白い論文が報告されています。一卵性双生児の腸内細菌叢は似ているかどうかを調べた研究です。一卵性双生児は、ほぼクローンです。しかし一卵性双生児でも、腸内細菌叢のパターンや種類は同じではありませんでした。つまり遺伝的背景ではない環境要因が、みなさんのおなかのなかの腸内細菌叢のパターンを決めていることが分かってきました。

決めている要因の主なものは長期的な食習慣です。考えてみれば当然ですが、おなかのなかにいる腸内細菌は、私たちが食べたものしか自分の栄養にできません。したがって、私たちが食べたものの成分のなかから、自分が生きるための栄養素を取り込める腸内細菌だけが生き残るのです。その腸内細菌が利用できないものを私たちがずっと食べ続けたら、その菌はいなくなってしまいます。

腸内細菌叢のタイプは、血液型のように大きく3つに分けることができることが分かっています。

バクテロイデス（Bacteroides）エンテロタイプ、

プレボテラ（Prevotella）エンテロタイプ、

ルミノコッカス（Ruminococcus）エンテロタイプ

の3つです。

相関するのは、食事内容です。とくに高脂肪、高タンパクの食事を取っている人がバクテロイデスエンテロタイプとなるのは分かっています。逆に、ご飯などの炭水化物、あるいは食物繊維などをたくさん食べる人は、プレボテラエンテロタイプとなることが知られています。ルミノコッカステエンテロタイプはそれ以外です。

腸内細菌叢の大まかなパターンは、10日間程度の短期的な食習慣の変化では大きく変化しないことも分かっています。つまり長期的な食習慣が、みなさんの腸内細菌叢のタイプやパターンなどを決定づける要因になっているのです。

●腸内細菌叢の変動要因と病気・疾病との関連

腸内細菌叢は通常、みなさんの健康などに大きく寄与していますが、いろいろな要因でそのバランスが崩れてしまうこともあります。たとえばストレスや過労です。ストレスや過労があると、腸内細菌叢は乱れてしまいます。偏った食事や食べ過ぎ、飲み過ぎも危険です。薬（抗生物質）を摂取しても、腸内細菌叢は乱れます。また、年を取って免疫のバランスが変わった結果、腸内細菌叢のバランスが崩れてしまうこともあります。

さまざまな要因によって腸内細菌叢のバランスが乱れると、近年の研究でさまざまな病気や疾患につながってくることが分かってきています。

たとえば、大腸炎や大腸がんといった腸の病気につながります。ネズミなど実験動物を使ったものだけでなく、臨床試験でも、腸内細菌叢の乱れと大腸がんの発症が関連することも分かってきています。

腸の病気だけではなく、肥満や糖尿病、肝臓がん、動脈硬化などさまざまな代謝疾患の発症にも腸内細菌叢のバランスの乱れが関与することが分かってきました。腸内細菌叢のバランスが乱れると、太ってしまいます。こんなことにもじつは腸内細菌叢が大きく影響していることが分かってきています。

とくに肝臓がんのパターンは非常に面白いので紹介します。遺伝子に少し変異を与えるような薬剤であるDMBAを与えた実験動物のネズミは、普通のご飯を食べていると、肝臓に腫瘍はできません。ところが、脂肪の多いご飯を食べると、肝臓に腫瘍ができるようになります。ただ、この高脂肪食を食べたネズミに、腸内細菌が全部いなくなるような四種混合の抗生物質を飲ませると、腫瘍はできなくなります。どうしてでしょうか。

メタボローム解析という代謝物質を分析する技術によって調べた結果、腸内細菌がつくりだす二次胆汁酸の一種であるデオキシコール酸（DCA）という物質が、肝臓がんの原因になることが分かりました。脂肪が多いご飯を食べると、その脂肪を吸収しようとして、私たちの体からは胆汁が出てきます。その胆汁のなかに胆汁酸という成分があります。それを腸内細菌がDCAに変えてしまい、それが体内に再吸収されると、結果的に肝臓がんになるのです。つまり、宿主側の遺伝子異常、高脂肪食という食習慣、そして腸内細菌という3者が、あまりよくない方向にがっちり組んでしまうと、こういった疾患発症につながってしまうのです。

近年、大腸がん、あるいは生活習慣病がどんどん増えてきています。こうした病気の発症頻度が増えている背景には、医療技術の発達によって診断技術が上がったということがあります。しかし、それに加えて、おそらくは生活環境、特に食習慣や腸内細菌叢などの変化によって、病気が発症しているのではないかと考えられます。

これらのことから考えると、例えば肝臓がんを例にとってみると、高脂肪食を食べなければ宿主の遺伝子に変異があったとしても、がんにはなりません。でも、脂肪が入っている食べ物はおいしいので、食べてしまう。ですから、がんをつくってしまうような物質をつくる腸内細菌が腸内にいなければ肝臓がんになるリスクは減らせるでしょう。

私たち人間側の遺伝子はそう簡単に改変することはできませんから、やはり食習慣をうまくコントロールするか、あるいは腸内細菌叢をうまくコントロールすることで、こうした病気は防げるかもしれません。

動脈硬化も一緒です。これもカルニチンという成分が腸内細菌によりトルメチルアミンという成分に変えられてしまうと、最終的には動脈硬化につながってしまうことが分かっています。

●腸内細菌叢と脳機能に関する報告

多発性硬化症という脳の病気も、腸内細菌叢のバランスの乱れが関与していることが分かっています。また、すべてではないのですが、ある種の自閉症の発症にも腸内細菌叢のバランスの乱れが関与していることが分かってきました。さらに行動異常です。妊娠しているお母さんマウスに脂肪が多い食べ物をあげると、子どもが行動異常を起こすことが分かってきました。お母さんから子に受け継がれる少し乱れた腸内細菌叢が原因と考えられています。

逆によいバランスの腸内細菌叢は、脳の発達を促してくれたり、ストレスを感じにくくする能力、すなわちストレス耐性を高めてくれたりします。

これはなぜか。脳と腸は迷走神経でつながっています。あるいはホルモンでもやりとりをしています。脳腸相関という言葉があるように、脳と腸とは密接にインタラクションしているのです。

脳の発達やそれに伴った行動変化を、腸内細菌叢が脳腸相関を介して促しているとすると、私たちはおなかのなかに腸内細菌叢を飼っているのではなく、腸内細菌叢によって飼われているという考え方もできるわけです。

腸内細菌の「餌」は私たちが食べたものだけだと先ほど述べましたが、私のいま持っている仮説は、私たちがどういう食べ物を好きかという食の好みは、腸内細菌叢が決定づけているのかもしれない、というものです。日本人が、たとえばアメリカで、１、２週間生活をしていると、野菜が食べたくなります。これは、そうした栄養素をうまく使える腸内細菌が、私たちの脳に「野菜を食べなさい」と脳腸相関を介して伝えているのかもしれません。これはまだエビデンスはなく仮説ですが、こうした部分も将来的には研究して明らかにできれば、腸内細菌叢をうまくコントロールして脳機能を制御することが可能になるかもしれません。

●宿主免疫系への影響

私たちの免疫系にも腸内細菌叢がさまざまな影響を与えています。ある種の免疫細胞の分化には、クロストリジム属菌といった腸内細菌の主要なグループが大きな影響を与えていることが知られていますし、アレルギーなどの発症にも腸内細菌叢のバランスが関係しています。

衛生仮説という言葉があります。きれい過ぎるとアレルギーが増えてしまうということです。大阪大学の坂口志文先生が「不潔アレルギーがアレルギーをつくる」とおっしゃっていました。汚いことを極端に拒絶してしまうと、アレルギーが増えることを衛生仮説と言います。

腸内細菌側から衛生仮説をサポートした論文では、生まれた直後にたくさんの種類の腸内細菌がおなかのなかに定着することで、腸内細菌叢が私たちの免疫系を教育してくれることが示されています。ちょっとした刺激を与えることで、私たちの免疫システムは「何か変なやつが来たぞ」と思い、システムが発達します。その結果、感染症をもたらすような本当に悪い病原菌がやってきた時に、免疫系がやっつけてくれるのです。

ですから、あまりきれい過ぎる状態では、免疫系を教育してくれる腸内細菌の種類や数が十分に定着していないと、私たちの免疫系もしっかりした発達ができないのです。たとえば花粉症の人はたくさんいます。花粉症も免疫系異常の一つです。花粉は本来、私たちに害を与えないものなので、免疫系が攻撃しなくていいものですが、免疫系が過剰に反応してしまった結果、鼻水やくしゃみが出ます。免疫系をうまく教育するのに腸内細菌叢は重要な役割を担っています。

ぜんそくの発症にも腸内細菌叢のバランスの乱れが関与していることが分かっています。妊娠しているお母さんの腸内細菌叢が乱れると、生まれてきた子どものぜんそくのリスクが上がります。妊娠しているお母さんの腸内細菌叢がつくりだしたある種の代謝物質が腸から吸収され、血中に移行して、胎児にも影響するメカニズムです。研究の結果、短鎖脂肪酸の１つである酢酸という成分があると、ぜんそくのリスクを下げるのですが、これがつくられないと、ぜんそくのリスクが上がってしまうことが分かってきています。これは酢酸が胎児の免疫系に作用して、ぜんそくになりにくくすることが分かっています。

このように、腸内細菌叢は私たちの健康に大きく関わり、あるいは腸内細菌叢のバランスが乱れると、いろいろな病気の発症に深く関わることが分かってきています。

●ヨーグルト

では、乱れてしまった腸内環境をどのように整えたらいいか。腸内細菌叢の整え方について何かアイデアがありますか。ヒントは食べ物です。

学生「ヨーグルトを食べる」

ありがとう。大正解です。いろいろなヨーグルトに含まれているのは、良い腸内環境へと改善するといわれている、いわゆるプロバイオティクス（日本ではよく善玉菌とよばれます）で、免疫の活性化や病気の感染予防など、さまざまないい効果があることが知られています。

これらのヨーグルトの効果について調べるため、みなさんぐらいの大学生18名にボランティアとして協力していただいて、日本で市販されているヨーグルトを２か月間毎日１個ずっと食べてもらいました。そしてその間の腸内細菌叢について、次世代シークエンサーを用いた16S メタゲノム解析で調べました。

18人を３人ずつ６グループに分け、グループごとにある決まったヨーグルトを食べてもらいました。それぞれのヨーグルトについては、いわゆるプロバイオティクスと呼ばれる菌の遺伝子を調べています。腸内細菌を調べる時に、サンプルにするのは「便」です。この試験は４か月間のうち２週に１度ボランティアから便をもらって、便中の各プロバイオティクスの遺伝子を調べました。その数字から、おなかのなかにプロバイオティクスがどれくらいいたかを算出できます。

ヨーグルトを食べる前は、ヨーグルトに含まれるプロバイオティクスの菌の遺伝子は便から検出されませんが、食べ始めて、２週、４週、６週、８週と２か月間経つうちに、グループによって多い少ないはありますが、それぞれみなさんからそれなりに菌が検出されました。

ところが、２か月間毎日ずっと食べていたにもかかわらず、食べるのをやめて２週経つと、ほとんどプロバイオティクスの菌は検出されなくなります。もしみなさんがヨーグルトの効果を得たいのなら、少なくとも毎日食べないと効果はないことが分かります。

この理由は、私たちのおなかのなかには、もともとみなさんの腸内にあったさまざまな乳酸菌やビフィズス菌が定着しています。私たちのおなかのなかに定着できる能力が非常に高くなった菌は定着していますが、外から入ってくる菌は、定着した菌がいるなかでは勝てません。競争して負けてしまう。京都で言うなら「いちげんさん、お断り」のようになってしまうのです。ですから、みなさん一人ひとりのおなかのなかには、それぞれ固有の腸内細菌の種類があるのです。

●ビフィズス菌

ビフィズス菌は、Y 字型をしています。ビフィズスはラテン語のビフィドゥスからきていて、これは「ふたまた」という意味だそうです。見た目が「ふたまた」に見えるため、ビフィズス菌と呼ばれています。

ビフィズス菌の特徴は、グラム陽性（厚い細胞壁を持つ）の桿菌（棒状の菌）で、彼らは酸素があると死んでしまう偏性嫌気性を有することです。酸素がない状態でなければ生きることができません。おなかのなか、とくに大腸のなかに酸素はほとんどない環境ですから、生きられる。このビフィズス菌が入った商品は結構たくさんあります。プロバイオティクスとしても使われています。

ただ、ビフィズス菌にもいろいろな種類があります。ビフィドバクテリウム・ロンガムやビフィドバクテリウム・インファンティス、ビフィドバクテリウム・ビフィダム、ビフィドバクテリウム・ブレーベ、ビフィドバクテリウム・アドレスセンティスの５種類が主要なビフィズス菌の種類です。インファンティスというのは、インファント、つまり子どもの便からよく検出されるビフィズス菌です。ビフィドバクテリウム・アドレスセンティスは、アダルト、つまり成人の便からよく検出されるタイプのビフィズス菌です。

このビフィズス菌にはいろいろな効果があることが知られています。病原菌による感染症から体を守ったり、あまりよくない代謝を押さえたり、腸のぜん動運動を促したり、免疫力を高めたり、ビタミンをつくったり、さまざまないい効果があることが、現象論としては分かっています。

ところが、こうした良い効果の分子メカニズムの詳細についてはあまり明確にはなってないのが現状でした。すなわち、ヨーグルトは何となく体にいいと言われてはいますが、食べるとなぜ体にいいのか、どういうメカニズムで作用して、良い効果を発揮するのかはあまり明確ではありませんでした。

プロバイオティクス、そして、これらの餌になるオリゴ糖や食物繊維などの「プレバイオティクス」を私たちが食べた時に、おなかのなかで何が起きているか。腸内細菌叢と栄養と腸管細胞との相互作用を明らかにするために、統合オミクス（生体内の分子全体を網羅的に解析し、生命現象を包括的に調べる手法）という最先端テクノロジーを使ってきたのがわれわれの研究です。そこには、いわゆるゲノミクス（ゲノムと遺伝子についての研究）やトランスクリプトミクス（微生物のゲノムによってコード化されているRNAの包括的なセットの研究）、メタボロミクス（細胞の活動によって生じる代謝産物総体を分子レベルで解析する研究）が含まれます。おなかのなかで何が起きているのかを網羅的に調べる技術を開発し、最終的にはこうしたプロバイオティクスやプレバイオティクスの効果の分子メカニズムを明らかにし、腸内環境をきちんと「デザイン」することで健康を維持する技術、すなわちおなかのなかを適切に良い状態に保つことによって病気にならないようにしようという技術をつくってきました。

これまでの研究成果を簡単に図にしてみました（図5）。描かれているのは腸管です。われわれは食べ物を食べます。食べた物は胃で消化されます。そこでつくられたブドウ糖やアミノ酸などの低分子化合物は小腸で吸収されます。吸収しきれなかった、食物繊維や難消化性タンパク質などのいわゆる未消化物が大腸まで届くと無数の腸内細菌が待ち構えています。彼らは未消化物をうまく自分たちのエネルギー源として取り込

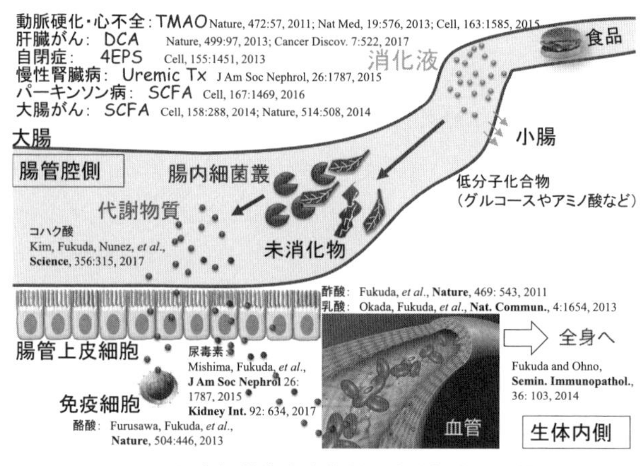

図５　腸内細菌叢由来物質と生体恒常性維持

みますが、腸内細菌も不要なものとしてさまざまな代謝物質をつくります。これらが腸から一部吸収されて全身に移行します。

たとえば、腸内細菌はお酢の成分である酢酸をつくります。これが腸管上皮細胞に作用して感染症を予防したり、乳酸菌がつくる乳酸という成分が腸管に作用して、大腸がんの制御に役立ちます。酪酸と呼ばれる少し臭い成分もそうです。酪酸という成分は腸管にいる免疫細胞に作用して、炎症などを抑えてくれる制御性T細胞への分化誘導を促進する機能があることも分かってきました。

ただ、腸内細菌叢は体にとっていいものばかりをつくってくれるわけではありません。悪いものもつくります。その代表例が尿毒症物質です。これはアミノ酸の分解などでつくられる物質ですが、こうしたものが吸収されると、血中に移行して全身に回り、尿毒症物質の場合は慢性腎臓病などに関与することも分かってきました。

●一人ひとりの腸内細菌叢は違う

おなかのなかにどういう菌がいて、彼らがどういう物質をつくっているかという情報が、便に含まれています。この便を分析して、体にとっていい物質としてすでに分かっているものの量が多く、逆にもうすでに病気になることが分かっている腸内細菌がつくりだす物質が少なければ、便をした宿主、つまり私たち自身は健康状態にあるといってもよいでしょう。

しかし、これが逆だったらどうでしょう。腸内細菌が作る代謝物質のうち、体に良いものが少なく、悪いものが多いとしたら、その人のコンディションはあまりよくない、ある意味病気のリスクが高いと判断できるかもしれません。では、悪い時にどうしたらいいのか。プロバイオティクスなどを摂取して、おなかのなかの腸内細菌叢をうまく改善することがひとつの方法になります。

ところが、みなさん一人ひとりの腸内細菌叢は違うのです。われわれは健康な日本人男女22人の腸内細菌叢を分析してみました。その結果、一人ひとりの腸内細菌叢のパターンを見るとばらばらなことがわかりました。とくに、炭水化物を食べることで増えてくるプレボテラ菌は、いる人はいるけれども、いない人はまったくいません。ビフィズス菌についても、多い人もいれば少ない人もいて、ばらばらです。

腸内細菌叢は人によって違います。人によって違うということは、たとえばどの種のヨーグルトを食べたらいいかについても、人によって変わります。ですから、万人に共通に効果があるヨーグルトは、おそらくこの世のなかには存在しないのではないかと思います。

私がお勧めしている「マイ・ヨーグルト」の選び方は、同じ銘柄のヨーグルトをまずは1週間から2週間ぐらい毎日食べる。食べている間に、トイレに行く便の回数や、便の色、におい、形をチェックしてもらいます。トイレで便をした後に、勇気を持って振り返って便の状態をチェックすることで、便の状態がいい悪い、あるいはいつもと変わっていることが自分でも実感できれば、おそらくそのヨーグルトはみなさん自身の腸内環境に合っていると言えると思います。

仮に1週間あるいは2週間食べ続けても何の効果もない、あるいは下痢が続いてしまう場合は別な銘柄に変えて、同じトライアルをもう一度してみてください。もちろんヨーグルトだけが腸内環境を改善する食品ではありません。サプリメントもありますし、ほかの発酵食品でもいいし、昆布やワカメなどの海藻、あるいは雑穀、大麦といった食物繊維でもいいでしょう。いろいろなものを自分で食べてみて、自分の腸内環境が改善されたと実感できるものが、みなさんの腸内環境にフィットした、いいものと言えるかもしれません。

みなさんのなかには実家暮らしだから、自分で食事を作ったりはしないかもしれません。でも健康は、若いうちから、つまりみなさんぐらいの年齢の頃からきちんと意識していかないと、将来病気になるリスクが上がります。みなさんはいま、自分は健康だと思っているかもしれませんが、トイレで便をしたら、勇気を持って振り返って、自分の便の状態がいい状態か悪い状態かチェックして判断することが、将来の病気の予防につながると思います。

2．もう一つの臓器としての腸内細菌叢の機能

●ドラッグ・リポジショニング研究

先ほど述べたように腸内細菌叢は私たちの免疫システムや代謝、あるいは腸内の恒常性や脳機能、腸から離れた臓器（遠隔臓器）に大きく影響します。そうした観点から、腸内細菌叢は、いわば私たちの体のなかにあるもう一つの臓器、つまり心臓や肝臓や脳などと同じぐらい重要な臓器、異種生物で構成される臓器と言っても過言ではないと思います。そうなると、この臓器をどう制御するかが重要なポイントになります。

私たちが研究の過程で着目したのはドラッグ・リポジショニング研究（DR 研究）です。DR 研究とは、既存薬の適用拡大です。すでに何かの

疾患に対して使われている薬を別な用途に使います。すでに使われている薬なので、安全性が担保されていることがメリットです。

なぜ腸内細菌叢の制御という観点からこのDR研究に着目したかというと、おなかのなかの腸内細菌叢をうまくコントロールしていい状態にできれば、たとえば下痢や便秘だけではなく、遠隔臓器の病気の治療や予防にうまく使えるのではないかという発想がありました。

こうした観点から私たちは便秘薬に注目し、東北大学の阿部高明先生、三島英換先生との共同研究をはじめました。便秘薬は便秘を治すので、腸内環境をよくします。便秘薬を使って制御しようとした疾患は、慢性腎臓病です。ある種の腸内細菌は腎臓病を悪化させる尿毒症物質をつくってしまうことが分かっていたからです。

分かったことだけを簡単に説明しますと、まず腎臓病になると、腎機能が低下します。腎臓の主要な機能は水分の再吸収ですが、そのほかにも悪い物質を無毒化して排出する機能があります。腎機能が低下すると、水分の再吸収がうまくできなくなり、尿がたくさん出るようになるので、体のなかの水分量が少し減ります。その結果、まず腸内環境が少し便秘気味になり、腸内環境が悪化して悪くなった腸内細菌叢から尿毒症物質がたくさんつくられてしまいます。腸内細菌叢から作られたこうした毒性物質が腸から吸収されて血中に移行します。それは体内で不要なものなので、また腎臓に運ばれますが、そもそも腎機能が低下していますから、尿毒症物質がまた腎臓にダメージを与える。この悪いサイクルがぐるぐると回ることで、結果的に腎不全となってしまい、最終的に腎摘出が必要になる可能性があります。

ところが、便秘薬をうまく摂取することで、腎機能が低下して悪くなった腸内環境をうまく改善することができます。その結果、腸内細菌叢もあまり悪くならず、尿毒症物質もあまりつくられないために、腎臓に負担をかける尿毒症物質の量を減らすことができました。

今回の研究では、あくまで腎機能を治す治療ではなく、便秘薬を使って、悪化を抑制できたという話です。今回はネズミの試験ですが、これを人に置き換えて考えると、たとえば１週間に２回ぐらい人工透析をしなければいけない患者さんが、透析の回数を週に１回に減らすことができれば、その患者さんのクオリティー・オブ・ライフの向上につながりますし、社会全体で考えれば、医療費削減にもつながります。便秘薬が腎臓病の患者の悪化抑制に効果があれば、社会にとっても大きなメリットがあるので、現在東北大学の阿部先生たちは、慢性腎臓病の患者さんに対して、便秘薬の効果の有無を臨床試験で検討されています。

●便移植

このように腸内細菌叢をうまく改善すれば、病気の治療などにつなげられる面もあるのですが、もっとダイレクトに腸内細菌叢を入れ替えてしまう方法として、近年注目されているのが便細菌叢移植、通称「便移植」です。便移植とは、腸内細菌叢のバランスの乱れが病気の発症の原因と考えられているような病気、たとえば潰瘍性大腸炎や過敏性腸症候群などの患者さんに対して、健康な人の便を大腸内に内視鏡を使って移植する治療方法です。

この便移植については、現在日本でも臨床試験が行われていて、順天堂大学医学部消化器内科の石川大先生たちも行っています。その方法は、健康な人から便をいただいて、バッファーで懸濁して、一度フィルターで濾過して、茶色いジュースを作ります。これを大きめのシリンジに入れて、大腸内視鏡にセットして患者さんの大腸へ注入するのです。こうしておなかのなかの腸内細菌叢を健康な人のものと強制的に入れ替えることで、腸内細菌叢のバランスの乱れが病気の発症と考えられる疾患をうまく治療できるのではないかとして、臨床試験が行われています。

この便移植が行われているのは日本だけではありません。世界的にもこの治療方法が試されています。しかも、標的は腸の病気だけではありません。二型糖尿病や動脈硬化、あるいは多発性硬化症、非アルコール性脂肪肝炎など、少なくともネズミの試験では腸内細菌叢の乱れが原因で発症している病気だと分かっている疾患に対して、こういった臨床試験が行われています。まだ明確な結果は出てきてない部分もありますが、大きな可能性のある治療方法として現在注目されています。

●腸内細菌カクテル

アメリカにSeres Therapeutics社というバイオベンチャーがあります。彼らは便のなかから有効性のある腸内細菌だけを取り出して培養し、カプセルに入れて薬として使おうとしました。ターゲットは、クロストリジウムディフィシルという病原菌による腸管感染症再発防止です。こうした腸内細菌を混合したカプセルをうまく使って治療していこうと、日本で言うと臨床実験のフェーズ２ぐらいの段階で、このバイオベンチャーはアメリカ市場に上場しました。その結果、19億ドル（約2,000億円）の時価総額がつきました。

2015年６月27日のBloomberg Businessにこれに関する記事が掲載されました。見出しには「Investors Think This Company's Gut Bacteria Are Worth $1.9 Billion（投資家たちは、この会社の腸内細菌カクテルには19億ドルの価値があると考えている）」とあり、記事のなかには「Wall Street loves feces（ウォール街の経済人も便が大好き）」と書かれています。すなわち、便自体、あるいは便のなかに含まれている腸内細菌がもはや薬になる時代がやってきています。みなさんも、自分のおなかのなかには宝石と同じくらい価値のある、薬になるかもしれない重要な腸内細菌が棲んでいるかもしれません。

３．「茶色い宝石」が切り拓く、病気ゼロの社会

おなかのなかにいる腸内細菌叢が将来の薬としてうまく使える可能性もありますし、みなさん自身の健康にも大きく役立つことがわかりまし

たので、われわれは慶應義塾大学と東京工業大学のジョイントベンチャーとして、株式会社メタジェンを2015年３月に設立しました。われわれのコンセプトは「便（Ben）から生み出す健康社会～ Ben-efit」です。

おなかのなかにはいろいろな腸内細菌がいます。そのバランスが悪いと、大腸がんや炎症性腸疾患などの腸の病気になるだけではありません。肝臓がんやアレルギー、肥満、糖尿病、動脈硬化、腎臓病、あるいは自閉症、多発性硬化症といった脳の病気など、さまざまな病気の発症にも腸内細菌叢が関与していることがすでに分かっています。一方で、腸内細菌叢のバランスが良い状態であれば、感染症を予防したり、アレルギーや大腸がんを予防してくれたりします。どういう腸内細菌がおなかのなかにいて、どういう代謝物質をつくっているのかという情報が、この便のなかに含まれています。

したがって、みなさん自身の便はみなさんの健康状態、あるいは病気のリスクを判定し得る腸内細菌叢に関する情報を含んでおり、将来的に薬になるかもしれない腸内細菌が含まれているわけですから、これは宝石と同じぐらい価値がある、という意味でわれわれは便のことを「茶色い宝石」と呼んでいるのです。とはいえ「茶色い宝石」も目の前にあるだけでは宝石でも何でもない、その価値はゼロでしかないでしょう。

便のなかにどういう腸内細菌がいるかという情報、あるいはその腸内細菌がどういう代謝物質をつくっているかという情報を最先端テクノロジーで抽出して「あなたのおなかのなかにこういう腸内細菌がいて、こういう物質をつくっているので、もしかすると健康状態はいいかもしれない（あるいは悪いかもしれない）」という判断ができれば――この情報をフィードバックすることができれば――この便を価値あるものに変えることができます。つまりわれわれは、こうした便のなかから健康情報をうまく抽出して、それを社会に還元することで、将来的には病気ゼロの社会をつくっていきたいと考えています。

テクノロジーについて簡単に説明しましょう。われわれ慶應義塾大学先端生命科学研究所で開発された、低分子化合物を網羅的に解析する技術・メタボロミクスと、東工大の山田拓司先生らが開発している腸内細菌叢が有する代謝経路を遺伝子レベルで解析するメタゲノミクスという技術を使います。この２つは現在科学では既存の技術ですが、このメタボロミクスとメタゲノミクスを統合することで、メタボロゲノミクスという新しい概念をつくりました。

この新規概念に基づいて便を分析すると何が分かるのか。腸内細菌叢の遺伝子を網羅的に解析することによって、みなさんのおなかのなかの腸内細菌叢の遺伝子地図をつくることができます。

ところが、遺伝子は、そこにあるだけでは機能しているかどうかが分かりませんので、実際に遺伝子が機能しているかどうか、つまりタンパク質に変わって、それが機能した結果、変化する代謝物質の情報を、メタボロミクスによって網羅的に解析し、その情報を遺伝子地図上にマッピングします。そうすることで初めて腸内細菌叢の制御が可能になるのです。このような技術を使っておなかのなかをうまくコントロールする。われわれはこれを「腸内デザイン」と呼んでいるのですが、個々人の腸内環境をうまくデザインすることで、将来的には便から健康状態を評価し、改善できるようになると考えています。

２年後ぐらいにわれわれがこうしたテクノロジーを使って実施しようとしていることは、みなさん自身の腸内環境の状態を調べることです。分析したい人がwebから注文をすれば、みなさんの手元に採便キットが届き、便を採取して送り返してもらえれば、腸内環境を調べてそのデータを返却します。このデータは、たとえばスマートフォンなどで見られるようにして、自分がどういう腸内環境か、どういう腸内細菌がいて彼らがどのような代謝物質をつくっているかが分かるようにします。じつはこのサービスは現在実施しようと思えば、いますぐにでもできるのですが、現状で実施していないのは、仮に腸内環境が悪かった場合にどう改善したらいいか、すなわち科学的根拠に基づいたソリューションがまだ存在しないのです。

先ほどヨーグルトの話もしましたが、自分のおなかにどのヨーグルトが効くのか、誰も分かりません。現状は、みなさんが自分自身で食べて、自分で評価するしかないのですが、われわれはこの部分を確立するために現在、どういう腸内環境の人が何を食べたら、おなかのなかの腸内細菌叢バランスがどう変わり、その結果、健康にどのような影響を与えるのか、あるいは病気になってしまうのかというデータを全て臨床試験を実施してデータベースを作っています。

このデータベースが2年後ぐらいに完成すれば、みなさんの腸内環境を分析した際に、腸内環境がよければ「そのままの生活習慣でいいですよ」と返答できますが、仮に悪かった場合でも、われわれの腸内環境データベースから、このタイプの人は、たとえばこの会社のこのヨーグルトを食べるとよくなる、ということが分かっていれば、みなさんにエビデンスベースの適切な食習慣改善アドバイスを提供することができます。この人はいま、腸内環境が悪いけれども、これを食べれば、もしかするとよくなるかもしれない、と食習慣を変えていただき、さらに半年間ぐらい、たとえばヨーグルトを食べてもらった後に、また腸内環境を分析します。そうすることによって、私たちが提案した食べ物がおなかに効いているかどうかを評価することが可能になります。このようなシステムを構築することでわれわれは、みなさんのおなかのなかをうまくコントロールし、腸内環境に基づく健康長寿社会を実現したいと考えています。

また、究極的に私たちがつくりたいと思っている未来は「病気ゼロ社会」です。われわれがおなかのなかに飼っている腸内細菌叢と上手に付き合うことによって、病気をなくしていこうということです。人間も動物も食べ物を食べないと死んでしまう。食べ物を食べるということは、「茶色い宝石」が全世界的につくられるということです。

ところが、この宝石は目の前にあるだけでは何の価値もありません。ですから、賛否両論ありますが、われわれは現在捨てられている便を世界中から日本に集めようと考えています。日本に集めて、私たちのテクノロジーを使って、その便のなかから有効な情報や将来薬になるかもしれない腸内細菌を取り出して、個々人や社会にフィードバックすることで、便から世界を健康にしていきたいと考えています。

これまで食べ物は、味がおいしいかどうか、あるいは栄養素としてどうかなど、腸管で言うと小腸より上のことしか考えられていませんでした。ところが、小腸の先には大腸があり、大腸のなかには無数の腸内細菌がいます。私たちが食べた物が彼らにどのように届くかによって、腸内細菌がつくりだす物質が変わってきて、それが私たちの健康、あるいは病気に関わってしまうことが分かってきていますので、今後は大腸までをきちんと考えた新しいヘルスケア産業をつくっていく必要があるのではないでしょうか。つまり、おなかのなかに飼っている腸内細菌叢とうまく付き合うことによって、私たちも自分自身を健康にし、将来クオリティー・オブ・ライフが高いまま、人生を楽しく全うしたらいいのではないかと思っています。

編者　赤江雄一（あかえ　ゆういち）
慶應義塾大学文学部准教授。1971年生まれ。リーズ大学大学院博士課程（Ph.D.）。専門は西洋中世史（宗教史・文化史）。共著に『知のミクロコスモス―中世・ルネサンスのインテレクチュアル・ヒストリー』（中央公論新社、2014年）、『はじめて学ぶイギリスの歴史と文化』（ミネルヴァ書房、2012年）などがある。

飼う
——生命の教養学 13

2018 年 7 月 30 日　初版第 1 刷発行

編者————慶應義塾大学教養研究センター・赤江雄一
発行者————古屋正博
発行所————慶應義塾大学出版会株式会社
〒108-8346　東京都港区三田 2-19-30
TEL〔編集部〕03-3451-0931
〔営業部〕03-3451-3584〈ご注文〉
〃　03-3451-6926
FAX〔営業部〕03-3451-3122
振替　00190-8-155497
URL http://www.keio-up.co.jp/
装丁————斎田啓子
組版————株式会社ステラ
印刷・製本——株式会社太平印刷社

Printed in Japan　　ISBN978-4-7664-2537-6